AIGC绘画

ChatGPT+Midjourney+Nijijourney

成为商业AI设计师

朱美淋 | 著

电子工业出版社·

Publishing House of Electronics Industry

北京·BEIJING

内 容 简 介

本书介绍了多种 AIGC 绘画技术，包括 ChatGPT、Midjourney、Nijijourney 等，重点介绍了这些技术在商业插画（包括国潮风插画、科技风插画和绘本插画）、平面设计（包括 Logo 和海报）、电商设计（包括电商产品详情页和 Banner）、UI 设计（包括图标、引导页、App 界面和网页）、摄影、游戏设计（包括游戏角色、道具和场景）、建筑设计和室内设计、头像和 IP 手办设计领域的应用案例。

在本书的最后一章，给出了 AI 设计师商业变现指导。不管你是设计小白还是在家带娃的"宝妈"都可以学会用 AI 绘画增加副业收入。

在本书中，技术内容基本都是从零开始的，完全适合 AIGC 绘画零基础小白。无论你有没有美术基础、会不会设计，都可以通过本书快速掌握 AIGC 绘画技术在商业中的各种应用。"设计构思+优化提示词+AI 炼图"这种结构，可以让你全面掌握 AIGC 生成图片背后的逻辑，并掌握如何通过优化提示词和 AI 炼图生成大师级的艺术作品。

本书适合对 AIGC 绘画感兴趣的爱好者、平面设计师、电商设计师、UI 设计师、摄影师、游戏设计师、建筑设计师和室内设计师阅读。

图书在版编目（CIP）数据

AIGC 绘画 ChatGPT+Midjourney+Nijijourney：成为商业 AI 设计师 / 朱美淋著. —北京：电子工业出版社，2023.11

ISBN 978-7-121-46603-8

Ⅰ. ①A… Ⅱ. ①朱… Ⅲ. ①图像处理软件 Ⅳ.①TP391.413

中国国家版本馆 CIP 数据核字（2023）第 213285 号

责任编辑：吴宏伟

印　　刷：天津千鹤文化传播有限公司

装　　订：天津千鹤文化传播有限公司

出版发行：电子工业出版社

　　　　　北京市海淀区万寿路 173 信箱　　邮编：100036

开　　本：720×1000　　1/16　　印张：13　　字数：270 千字

版　　次：2023 年 11 月第 1 版

印　　次：2023 年 11 月第 1 次印刷

定　　价：108.00 元

凡所购买电子工业出版社图书有缺损问题，请向购买书店调换。若书店售缺，请与本社发行部联系，联系及邮购电话：(010) 88254888，88258888。

质量投诉请发邮件至 zlts@phei.com.cn，盗版侵权举报请发邮件至 dbqq@phei.com.cn。

本书咨询联系方式：faq@phei.com.cn。

前言

AIGC（AI Generated Content，人工智能生成内容）绘画技术在国内真正开始落地大致是在 2022 年年底，当时由于工作需要，笔者开始研究 ChatGPT、Midjourney 和 Stable Diffusion。在经过几百个小时的出图实践和研究后，笔者将 AIGC 绘画工具应用到各设计领域的商业案例中，因此积累了丰富的实践经验。本书将带你深入探索 AIGC 绘画技术，揭示其在设计领域的魔力与潜力。

1. 本书特色

（1）体系完整，内容丰富。

本书全面介绍了 AIGC 在设计创作中的各种应用场景和方法。读者可以深入了解 AIGC 绘画创作的全流程，包括设计拆解、画面构思、整理提示词、AI 炼图、AI 生成图片后的优化方案。只需要一本书即可学会 AIGC 绘画技术。

（2）从零起步，循序渐进。

本书从零开始讲起，循序渐进，先了解 AIGC 绘画、学习主流的 AIGC 绘画工具，再介绍多领域的商业设计案例，最后介绍如何将 AIGC 能力变现。

（3）大量插图，易于理解。

一图胜千文。书中在涉及原理讲解、案例操作的地方都尽量配有插图和提示，以便读者有直观的理解。

（4）丰富的实战案例。

书中通过丰富的案例，生动呈现了 AIGC 绘画技术在商业插画、平面设计、电商设计、UI 设计、摄影、游戏设计、建筑设计、室内设计等领域的具体应用。这些案例将帮助读者更好地理解 AI 设计师的创作思路和流程。大量的案例能让读者"动起来"，在实践中体会功能，而不只是一种概念上的理解。

2. 读者对象

本书读者对象如下：

◎ 平面设计师　　　　　　　◎ 设计培训机构的老师和学员

◎ 电商设计师　　　　　　　◎ 插画师

◎ UI 设计师　　　　　　　　◎ 游戏设计师

◎ 摄影师　　　　　　　　　◎ 室内设计师

◎ 建筑设计师　　　　　　　◎ 其他对 AIGC 绘画感兴趣的人员

　　希望本书能够为你带来设计启发与灵感，让你了解 AI 设计师的无限可能性，并在这个充满创新与创意的领域中找到属于自己的舞台。

　　愿你在本书的陪伴下，尽情探索 AIGC 绘画的精彩世界！未来已来，您准备好了吗？

朱美淋

2023 年 7 月

目录

第 1 篇

改变一切的 AIGC 绘画技术

第 1 章

AIGC 绘画行业认知

相信您已经被朋友圈、自媒体宣传的 AIGC "刷屏"了。什么是 AIGC 呢？其全名是 "AI Generated Content"，意为 "人工智能生成内容"。AI 文本续写、文字转图像的 AI 生成图片、AI 主持人等，都属于 AIGC 的应用。

AI 绘画技术的出现，引发了设计师的恐慌和焦虑，他们担心有一天自己的工作被机器人替代。

既然变革无法改变，那我们应该做的就是努力去拥抱变革。

1.1 什么是 AI 绘画

AI 绘画是指利用人工智能（AI）技术进行创作和生成艺术作品的过程。AI 绘画使用计算机算法和机器学习模型，通过分析和学习大量的视觉数据，自动生成图像、绘画和艺术作品。

简单来说就是：我选择一款 AI 绘画机器人，通过 Prompt（提示词）向 AI 绘画机器人发布指令；AI 绘画机器人在收到指令后，利用学习过的视觉数据进行分析和重绘，反馈给我全新的视觉图像。

提示 Prompt（提示词）可以是一个表情、一个英文单词、一个词组、一段话，也可以是一个故事。

那么，这里的关键就是 "我向 AI 绘画机器人所发布的指令，AI 绘画机器人有没有很好地接收与理解"。向 AI 绘画机器人发送的 Prompt（提示词）是关键，它决定了生成图片的质量。

Prompt 是我们学习 AI 绘画的重点。

图 1-1、图 1-2、图 1-3、图 1-4 是 AI 生成的四种不同风格的蜘蛛侠图片。

图 1-1

图 1-2

图 1-3

图 1-4

四张蜘蛛侠图片分别是动漫、手绘、写实和卡通风格。

1.2　AI 绘画的现状和未来发展

下面我们来了解 AI 绘画的现状和未来发展。

1. AI 绘画的现状

可以从以下四个方面来了解 AI 绘画的现状。

（1）功能强大：国内外各种新的 AI 绘画工具层出不穷，并且主流的 AI 绘画工具正在稳步迭代，这让设计师的工作效率越来越高，整个设计圈的审美正在普遍提高。

（2）创作风格多样化：AI 绘画已经可以模仿各种艺术家的风格，能够生成具有多样化风格的艺术作品，尤其是生成国外艺术大师风格的作品效果更佳。

（3）作品可以商用落地：优秀的 AI 工具生成的作品可用于商用。部分大厂早已将 AI 生成的作品应用于真实项目中，节能增效，取得了好的结果。

（4）可控性还不够好：现在 AI 生成图片有点像"开盲盒"，随机性较强，我们得多刷新几次才能得到相对满意的图片。偶尔还会出现"1 只手有 6 个手指、4 个手指"或"人物少了一条腿"的情况。

图 1-5 和图 1-6 为 AI 生成的父亲节 C4D 海报背景（C4D 不是指 CAD 软件，其全名 CINEMA 4D，是德国 MAXON 公司出品的 3D 动画软件）。传统设计师需要在三维软件里进行建模和渲染，再出图、排版，耗时耗力。甚至有些设计师不会三维软件做不了 3D 效果的海报。而现在我们学会了 AI 绘画工具，花费的时间非常少，从构思到生成图片可能只需要几分钟。

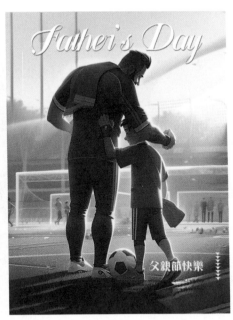

图 1-5　　　　　　　　　　　　　　　　图 1-6

2. AI 绘画的未来发展

可以从以下五个方面来了解 AI 绘画的未来发展。

（1）定制化设计：AI 工程师正在探索如何让 AI 工具创作出更具个性和独创性的作品。AI 设计师将创造出企业所需要的定制模型和设计风格。

（2）AI 绘画作品更高级：AI 绘画技术将变得越来越智能和高级，能够理解和模仿更多的艺术风格和技巧。这意味着，AI 可以根据用户的需求生成特定风格的艺术作品，甚至可以与艺术大师的作品相媲美。在未来，我们的设计项目视觉美感将整体提升。

（3）人机协作：AI 可以辅助设计师完成创作过程中的烦琐任务，如插画绘制、3D 创作，从而提高设计效率。传统设计方式将被淘汰。同时，设计师可以利用 AI 生成的概念图进行灵感创作，赋予设计更多的创意和可能性。

（4）AI 更可控：未来的研究将致力于提高 AI 绘画的可解释性、透明度和可控度，设计师会把 AI 驯服得更听话。

（5）制定 AI 相关法律：AI 绘画的发展也带来了法律问题。例如，涉及版权和原创性的争议，以及有些 AI 工具允许用户生成色情、血腥、暴力图片等问题。未来需要制定相应的法律和伦理框架来解决这些问题。

1.3　传统设计师如何转型为 AI 设计师

如果你是传统设计师，想要成功转型为 AI 设计师，以下是一些建议可以帮助你实现这个目标：

（1）学习人工智能的相关知识：了解机器学习、人工智能的相关基础知识，学会使用 ChatGPT 有效提问，并将其应用于工作中。

（2）精通主流的 AI 绘画工具：现在 AI 绘画工具越来越多，并不需要我们全部学会。你只需要精通主流的 AI 绘画工具即可，如 Midjouney、Stable Diffusion 和 Adode Firefly，它们是设计公司要求 AI 设计师应聘者必须掌握的软件。

（3）参与 AI 实践项目：多寻找机会，参与 AI 设计相关的项目或比赛，积累实践经验，通过实际操作不断学习和提升自己的技能。

（4）加入 AI 设计圈：多与其他 AI 专家、工程师和设计师等合作，加入 AI 设计群或组织，并从他们的经验中获得指导和灵感。

（5）保持学习与实践：持续学习和保持对 AI 设计领域的关注，保持对行业趋势和最新技术的了解。在工作中，将 AI 理论多加以实践，以保持自己的竞争力。

（6）建立 AI 设计作品集：建立自己的 AI 设计作品集，展示个人能力和创意。这有助于吸引潜在雇主或客户关注你的 AI 设计能力。最后利用 AI 作品集抓住机会跳槽到专业的 AI 设计公司。

1.4　AI 设计师的未来发展机会

随着人工智能技术的不断发展和普及应用，各行各业对 AI 设计师的需求也在不断增加。AI 设计师的未来发展前景非常广阔。以下是 AI 设计师的未来可能性。

（1）快速增长的 AI 就业市场：越来越多的 AI 相关就业岗位涌现，如 AI 设计师、AI 工程师、AI 提问师等职位。人工智能市场正处于快速增长阶段，各个行业都在寻求利用 AI 技术来改进业务流程、提高效率和创造新的商业机会。

（2）跨领域合作：AI 设计师通常需要与其他领域的专业人士（如算法工程师、软件开发师、产品经理等）合作。这种跨领域合作将促进知识的交流和创新，不同的项目实践能提高你的业务能力。你将获得更多的工作机会，职业道路更广阔，这将有助于打破职业瓶颈。

（3）打破年龄魔咒：AI 设计师将打破"设计师是吃青春饭"的魔咒。既有多年行业设计经验又具备 AI 设计技能的设计师将成为企业受欢迎的人。年龄不再成为问题，经验和专业技能才是关键。

（4）你就是企业经营者：AI 设计师在创业和自由职业中有广阔的机会。你可以建立自己的 AI 设计工作室或技能付费教育公司，为客户提供专业的 AI 设计和 AI 教学服务。此外，你可以通过自媒体平台，对外分享你的知识和展现你的专业。通过有价值的图文、视频和直播，打造个人 IP，成就一番事业。

第 2 章

AI 主流工具设计教程

作为设计师，不断学习新技术，拥抱行业变化，才能不被时代所淘汰。对于现在而言，学习 AIGC 绘画技术，已经成了设计师迫在眉睫的大事。

2.1 AIGC 主流工具全解析

下面介绍几款主流的 AIGC 绘画工具，让它们成为我们设计工作中的得力助手。

2.1.1 ChatGPT

ChatGPT 是由 OpenAI 公司开发的一种基于 GPT 3.5 的大型语言模型。它学会了互联网上多个领域的知识，能回答你的各种问题，可以提供解释、建议和其他形式的帮助。

你可以把 ChatGPT 理解成为一个无所不知的语言机器人。以前有疑问，问百度，问谷歌，现在问 ChatGPT。在设计工作中，ChatGPT 就是你的军师，可以给你提供设计思路和方向。ChatGPT 的操作界面如图 2-1 所示。

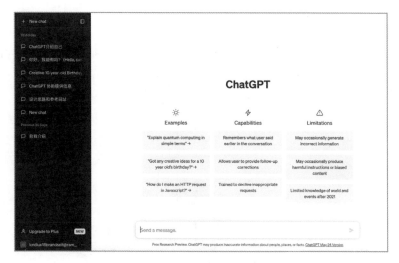

图 2-1

2.1.2　Midjourney

　　MidJourney 是一款绘画工具，2022 年 3 月第一次面世。2023 年 3 月 Midjourney 5 火爆设计圈。通过向它输入提示词，可以在 30 秒内生成四张高质量的图片。它擅长生成各类风格插画、写实照片、特定人物的 AI 图片。它生成的图广泛应用于平面、电商、UI、摄影和游戏等领域。

　　现如今，Midjourney 是设计师不可或缺的设计辅助工具，是提升设计效率、提供设计灵感的"神器"。但现在需要付费才能使用它，且生成图片有较大的随机性，需要利用精准的提示词和"垫图"（在 3.1.3.3 节会具体介绍）来获得比较精准效果的图片。Midjourney 的主页面如图 2-2 所示。

图 2-2

2.1.3　Nijijourney

　　Nijijourney 是 Waifu Diffusion 团队和 Midijourney 合作的产品，与 Midjourney 共用账号。Midjourney 有的提示词功能它都有。它擅长输出日本"二次元"风格的插画和动漫人物，其首页如图 2-3 所示。

图 2-3

2.1.4　Stable Diffusion

　　除 Midijourney 外，还有一款大名鼎鼎的 AI 绘画工具——Stable Diffusion。它是由 StabilityAI 公司于 2022 年发布的。它是唯一一款可以部署到家用电脑上的 AI 绘画工具，以文本生成图片。它擅长输出游戏人物、机甲战士、写实人物、动漫等各种人物图片。

　　Stable Diffusion 对电脑配置要求较高，至少采用 NVIDIA 独立显卡，显卡最低要求有 6GB 显存，电脑可用存储空间在 150GB 以上，在 Windows 11 系统的电脑上运行较好。

　　Stable Diffusion 的操作界面如图 2-4 所示。

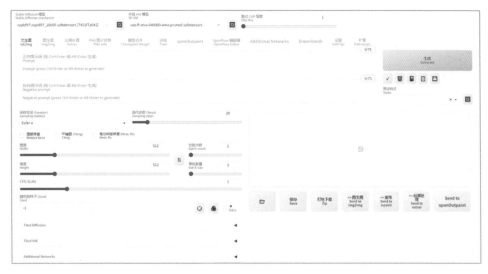

图 2-4

2.1.5　Adobe Firefly

软件巨头 Adobe 最新研发了 AI 图像生成器 Adobe Firefly，它将被整合到 Photoshop 中。使用它，可以通过简单的文本提示向图像中添加、扩展内容，也可以从图像中删除内容，使图像在 Photoshop 中达到完美。

目前 Adobe Firefly 只在 Photoshop 测试版中应用，可以申请 7 天的免费试用。其网站页面如图 2-5 所示。

图 2-5

2.1.6　DALL · E2

　　DALL · E2 是 OpenAI 公司旗下的另一个产品，它与 ChatGPT 属同一家公司。它可以根据自然语言的描述创建逼真的图像和艺术作品。其特点是，利用网页进行操作，操作简单，风格多样，速度快，可对生成的图进行局部擦除、重新生成等。但需要购买积分才能使用它。它生成的图不能商用，仅供个人学习探索，版权最终归 Open AI 公司所有。

　　DALL · E2 的操作界面如图 2-6 所示。

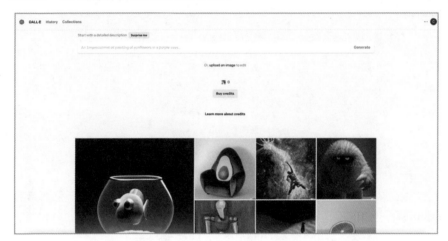

图 2-6

2.2　AIGC 绘画工具快速入门

　　对于新手小白来说，第一款 AI 绘画工具首选 Midjourney。利用它，通过提示词，只需要不到一分钟就能生成相应的图片。其生成的图已大量应用在商业设计中。

2.2.1　Midjourney 的基础操作

1. 注册与登录

　　Dicord 是一个社交平台，Midjourney 是挂载在这个平台中的一个绘画机器人。注册与登录过程如下。

（1）打开 Midjourney 的首页，单击右下角的【加入测试版】。

（2）进入如图 2-7 所示界面，单击左下角的【注册】。

（3）进入如图 2-8 所示界面，开始创建一个账号，填写【电子邮件】、【用户名】【密码】和【出生年月】，然后单击【继续】按钮。

图 2-7　　　　　　　　　　　　　图 2-8

（4）下一步会确认你是否是人类，勾选"我是人"复选框，之后按照提示单击相应的图。

（5）通过之后会进行【邮箱验证】。

2. 添加你的服务器

界面最左边的帆船图标（）就是 Midjourney 服务器。在这个服务器里会有 Midjourney 的最新通知。单击图标下方的"+"号（如图 2-9 所示）可以创建自己的服务器。

图 2-9

之后分别单击【亲自创建】和【仅供我和我的朋友使用】，然后输入服务器名称，如图 2-10 ~ 图 2-12 所示。

图 2-10   图 2-11   图 2-12

4. 添加频道

在创建了服务器后，单击文字频道右边的"+"号给频道起名，如图 2-13 所示。每个频道就像是我们生成图片的独立房间，可以给每个房间取相应的名字（如图 2-14 所示），比如平面设计、UI、电商等，当我们需要生成相应类别的设计图时，就选择对应的房间，这有点像 QQ 分组。

图 2-13   图 2-14

5. 邀请 Midjourney 机器人

接下来在服务器里邀请 Midjourney 机器人帮你绘画。你可以将 Discord 理解为 QQ 和微信这样的社交平台，而 Midjourney 机器人是其中的好友。我们把它 Midjourney 机器人添加到好友列表中，才能与它进行对话沟通。

单击左侧 Midjourney 帆船图标（），来到新手频道，单击右上方成员名单图标（），找到下方出现的 Midjourney 帆船图标（），单击【添加至服务器】，选中你要添加到的服务器名称，然后单击【授权】即可，如图 2-15 ~ 图 2-17 所示。

图 2-15

图 2-16　　　　　　图 2-17

在添加了 Midjourney 机器人后，我们就可以选择订阅服务了，Midjourney 现在已经取消了免费生成图片服务。

在界面最下方的对话框中输入【/subscribe】（如图 2-18 所示），按 Enter 键确定。

提示 只需要在对话框中输入【/s】，会自动跳出以 s 开头的指令，方便我们更快选中想输出的指令。

图 2-18

打开订阅指令，单击链接【Open subscription page】，如图 2-19 所示。

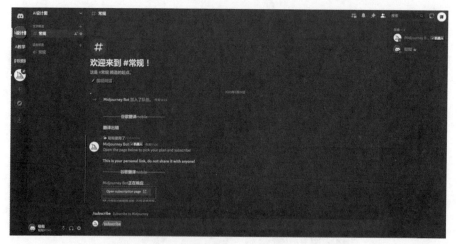

图 2-19

提示 在对话框中向 Midjourney 机器人发送的所有指令都要是英文的。

来到订阅界面，选择你要订阅的计划（可以按月订阅或按年订阅），如图 2-20 所示。

图 2-20

- 【基本计划】：慢速出图模式。出图时间较长，建议不要选择。
- 【标准计划】：包含 15 小时的快速出图模式，在该模式下，生成一组图片基本在 30 秒内完成，有 3 个快速并发作业。在用完 15 小时的快速出图模式后，进入慢速无限出图模式。建议个人购买该计划。
- 【专业计划】：包含 30 小时的快速出图模式，生成的图具备隐私模式，有 12 个并发快速作业。该计划适合公司或组织订阅，以保护商业机密。

需要注意的是，每种订阅计划生成的图片都是可商用的，在订阅计划进行支付时需要使用外币信用卡。

7. 生成你的第一张 AI 图片

现在我们就可以利用机器人生成图片了。在下方对话框中输入【/imagine】指令，在后面输入生成图片的提示词。注意，所有提示词都应是英文的。

例如：我们在对话框输入【/imagine】，然后在后面输入提示词【a girl in the city】（如图 2-21 所示），之后按 Enter 键，30 秒内生成 4 张图片，如图 2-22 所示。

图 2-21 图 2-22

如果不满意生成的图片，则可以单击右下角的◙图标再次生成图片。

图像下方的 U 表示放大图片，单击 U1 表示将编号为 1 的图片放大，如图 2-23 所示。

图 2-23

下面是图片下方第 1 行参数的介绍。

【Vary（Strong）】：单击该图标，则再次生成 4 张较大变化的 4 张图，如图 2-24 所示。

图 2-24

【Vary（Subtle）】：单击该图标，则再次生成四张较小变化的 4 张图，如图 2-25 所示。

图 2-25

下面是图片下方第 2 行参数的介绍。

【Zoom Out 2x】：将图片缩小为原来的 1/2（整体呈现出扩图 2 倍的效果），生成扩图背景不一样的 4 张图片，如图 2-26 所示。

图 2-26

若对扩图的背景不满意，则单击右下角 ◙ 图标，将再次刷新出 4 张图。

【Zoom Out 1.5x】：将图片缩小为原来的 2/3（呈现出扩图 1.5 倍的效果），生成扩图背景不一样的 4 张图片，如图 2-27 所示。

图 2-27

【Custom Zoom】：自定义缩放图片，生成扩图背景不一样的 4 张图。单击图标后，会弹出设置自定义参数对话框，在这里我们输入 1.8（可自定义的数值为 1 ~ 2），如图 2-28 所示，会得到扩图 1.8 倍的效果。

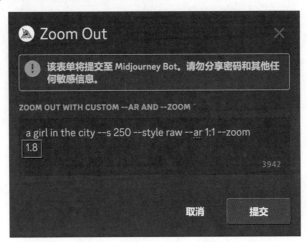

图 2-28

下面是图片下方第 3 行箭头的介绍。

：向左扩图（扩图内容可以在弹出的对话框中添加），并生成扩图背景不一样的 4 张图片。我们在对话框中新增了"a boy and"提示词（如图 2-29 所示），效果如图 2-30 所示。

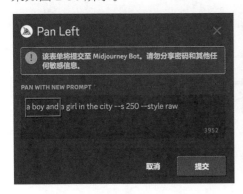

图 2-29

图 2-30

你也可以选择不改变任何内容直接单击【提交】按钮，让 AI 随机生成左边的扩图内容，效果如图 2-31 所示。可以看到，AI 随机生成的扩图内容与原图融合得不错。

图 2-31

第 3 行后面 3 个按钮分别表示：向右扩图、向上扩图和向下扩图，效果分别如图 2-32 ~ 图 2-34 所示。

图 2-32

图 2-33　　　　　　　　　　　　　　　图 2-34

现在我们回到图 2-22，图片下方的 V 表示再次变化。单击 V4 表示让编号为 4 的图片再生成 4 张变化的图片，如图 2-35 所示，这些图片被称为图片 4 的变体。

图 2-35

单击图片，选择【在浏览器中打开】(如图 2-36 所示)，可生成大图。在图片上单击鼠标右键可进行保存。

图 2-36

8. 常用指令

接下来看看在输入对话框中，我们可以对 Midjourney 机器人发送哪些指令。通过这些指令我们可以与 Midjourney 机器人发生交互，实现我们想要的结果。

- 【/imagine】：在此指令下输入提示词生成图片，如图 2-37 所示。

图 2-37

- 【/setting】：设置指令，在这里可以进行参数设置。在对话框中输入【/setting】并按 Enter 键，将打开设置参数对话框，如图 2-38 所示。

图 2-38

在图 2-38 中，第 1 行参数是 Midjourney 的版本，在这里默认显示最新的版本。单击向下的箭头，可以进行版本的切换，如图 2-39 所示。

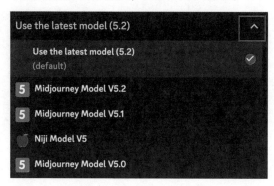

图 2-39

图 2-38 中第 2 行参数的说明如下。

【RAW Mode】：RAW 模式，AI 对文本理解能力增强，生成的图片画质更佳。

【Stylize low】：风格化低；【Stylize med】：风格化中；【Stylize high】：风格化高；【Stylize very high】：风格化非常高。风格化低则生成的图片与提示词非常匹配，但艺术性较差。风格化高则生成的图片非常具有艺术性，但与提示词的联系较少。

图 2-38 中第 3 行参数的说明如下。

【Public mode】：公共模式。生成的图片是公开的，在公共频道里会展示。

【Remix mode】：混合模式。每次单击◎图标会弹出对话框，可以修改提示词。

【High Variation Mode】：强变化模式。对生成的图片单击 V 会进行强变体。

【Low Variation Mode】：弱变化模式。对生成的图片单击 V 会进行弱变体。

图 2-38 第 4 行参数的说明如下。

【Turbo mode】：当快速出图模式的时间用完后，单击此按钮将打开购买快速出图模式时间的链接，如图 2-40 所示。

图 2-40

【Fast mode】：快速出图模式。生成一组图片大概需要 30 秒。

【Relax mode】：慢速出图模式。需要排队，不建议选择。

【Reset Settings】：回到参数默认设置状态。

- 【/blend】：将两张或多张图片混合。在图 2-41 和图 2-42 中指定了将宝宝的写真照片和精灵动漫卡通图进行混合。

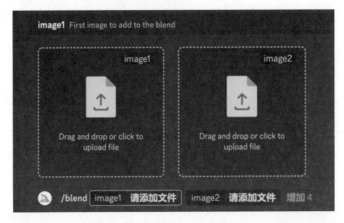

图 2-41

图 2-42

生成的宝宝图具备精灵感和动漫风，如图 2-43 所示。

图 2-43

- 【/describe】：图生文指令，单击图 2-44 中虚线框插入图片即可生成图片的 4 个相关提示词，如图 2-45 所示。

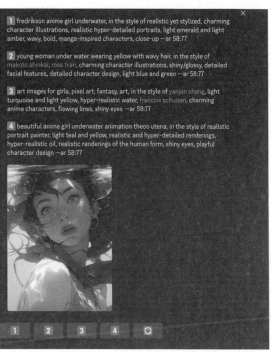

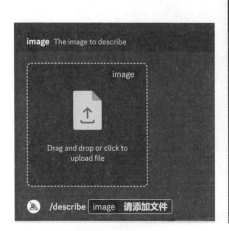

图 2-44　　　　　　　　　　　　　　　图 2-45

- 【/info】：在该指令下可以看到你的订阅账号目前的使用情况和当前作业运行情况，如图 2-46 所示。

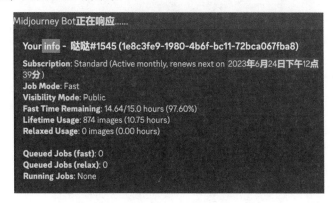

图 2-46

- 【/subscribe】：打开会员订阅服务的链接。
- 【/shorten】：可以分析提示词并为您提供建议，指出哪些提示词是无关紧要的，哪些提示词是重要的。在输入框中输入【/shorten+提示词】，即可对这些提示词进行检测，如图 2-47 所示。

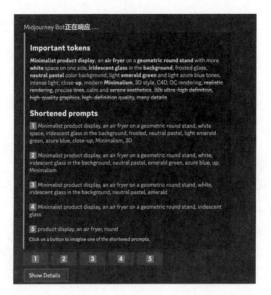

图 2-47

图 2-47 中被划掉的就是无关紧要的提示词，加粗的是重要的提示词。并且它在下面给出了 5 段整理后的提示词。这个功能非常好用，利用它可以去掉一些没用的提示词，能更精准地表达出你想描述的意思。单击左下角的【Show Details】按钮，能分析出每个提示词的权重，如图 2-48 所示。

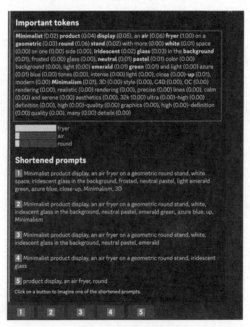

图 2-48

9. 后缀参数

后缀参数出现在提示词后，它可以设置图片的纵横比、Seed（种子）值、版本切换、权重等。

- 【--ar】：设置出图比例（纵横比）。Midjourney 默认为 1：1，Nidijourney 默认为 3：4。
- 【--iw】：设置生成图片与参考图片相似度的权重，默认为 1，最大值为 2。
- 【--niji】：切换为用 Nijijourney 机器人来生成图片，图片会偏日本动漫风格。
- 【--no】：后面加具体元素名称，这样在生成图中就不会出现该元素。
- 【--seed】：后面接图片的种子数值，这样新生成的图片与种子图片有较高的相似性。
- 【--stop】：按完成度的百分比停止生成图片，值为 10%~100%。
- 【--video】：在消息里发送图片生成一段视频。
- 【--tile】：生成四方连续无缝图片，如图 2-49 所示。

图 2-49

后缀参数的输入规范如下。

① 所有后缀参数在英文状态下输入；

②【空格+ -- +参数名称+空格+具体英文或数字】。

示例：若要规定图片比例为 16：9，则在提示词后加上"空格--ar 16:9"。

2.2.2 Midjourney 的进阶应用

本节我们来学习 Midjourney 的进阶应用。了解了生成图片的底层逻辑，你也可以从"小白"变成"大师"。

1. 提示词

提示词没有任何限制和硬性要求，简单的词组、句子甚至表情都可以作为提示词。如果需要画面可控性越强，则需要越精准的提示词。在 Midjourney 中提示词只支持英文，在 Nijidjourney 中提示词支持中英文。提示词主要由下面五大部分组成。

- 【主体内容】：主+谓+宾，主体在什么地方在干什么事情。
- 【画面细节】：场景，背景，主体细节（穿着、表情、动作），光感。
- 【构图镜头】：景深（正侧面、近景、特写、全景），主体位置等。
- 【参考方向】：风格（3D、插画、赛博朋克、超现实主义），艺术家名字。
- 【图像设置】：画质（极致细节、高质量、8K），后缀参数（图片比例、权重、版本等）。

示例

dad and son playing football in the football field, football field, sports clothes, energetic, real sun light, medium shot, center composition, 3d, bubble mart, disney animation, blind box,c4d,oc rendering, virtual engine, high quality, rich details, 8k

翻译：爸爸和儿子在足球场踢足球，足球场，运动服，活力四射，真实的太阳光，中景，居中构图，3D，泡泡玛特，迪士尼动画，盲盒，C4D，OC 渲染，虚拟引擎，高品质，丰富细节，8K

【主体内容】dad and son playing football in the football field

【画面细节】football field, sports clothes, energetic

【构图镜头】real sun light, medium shot, center composition

【参考方向】3d, bubble mart, disney animation, blind box, c4d, oc rendering, virtual engine

【图像设置】high quality, rich details, 8k --s 400 --niji 5 --style original

AI 生成的效果如图 2-50 和图 2-51 所示。

图 2-50　　　　　　　　　　　　　　　图 2-51

提示　所有提示词的位置并不是固定的，如果想让某些提示词的权重大一些，则将其往前放。还可以在某个提示词后加双冒号以加大权重，在双冒号后加具体数字 1 ~ 3（如 Disney Animation ::3）。

2. 风格类提示词

风格类提示词非常重要，直接决定了生成的图片具有什么风格。表 2-1 中列出了常用的风格类提示词。

表 2-1　常用的风格类提示词

提 示 词	说　　明	提 示 词	说　　明
General Photography	普通摄影	Tradition Chinese Ink Painting	东方山水画
Graphic Design	平面设计	Chinese Style	中式风格
Fashion	潮流时尚	Ink Illustration	水墨插图
Concept Art	概念艺术	New Chinese Style	新中式风格
Game Art	游戏艺术	Traditional Culture	浮世绘
Illustration	插画	Japanese Manga Style	日本漫画风格
Chinese Paper Cutting Art	中国剪纸艺术	Japanese Animation	日本动画片
Flat Illustration	扁平插画	Poster Of Japanese Design	日本海报风格
Vector Style	矢量风格	Hayao Miyazaki Style	宫崎骏风格
Architecture	建筑	Ghibli Studio Style	吉卜力风格
Arts & Crafts	美术&工艺	Stock Illustration Style	童话故事书插图风格
Portrait Photography	人像摄影	Pixel Art	像素艺术
Oil Painting	油画	Magic Realism	魔幻现实
Watercolor Painting	水彩画	Disney Style	迪士尼风格

续表

提 示 词	说　明	提 示 词	说　明
Sketch	素描	Bubble Mart	泡泡玛特
Graffit	涂鸦	3D Cartoon Style	3D 人像风格
Printmaking	印刷	Pixar	皮克斯
Sculpting	雕刻	ACGN	二次元
Digital Coloring	数码画	Lolita Style	洛丽塔风格
Makoto Shinkai	新海诚	Rococo	洛可可艺术
Superhero	超级英雄	Q-Style	Q 版风格
Eague of Legends	英雄联盟	Realism	现实主义
Cyberpunk	赛博朋克	Abstract Art	抽象派艺术
Art Deco	装饰艺术	Impressionism	印象派
Future Machinery	未来机械	Expressionism	表现主义
Steampunk	蒸汽朋克	Surrealism	超现实主义
Film Photography	电影摄影风格	Minimalism	极简主义

示例

girl painting, beautiful face, close-up, centered composition, new Chinese style, beautiful light, complex details, high quality, 8k

翻译：少女画，美丽的脸庞，特写，构图居中，新中式风格，漂亮的光线，复杂细节，高质量，8K

图 2-52 为新中式风格，图 2-53 为宫崎骏风格。

图 2-52　　　　　　　　　　　　　图 2-53

3. 画质类提示词

画质类提示词并不是在所有情况下都能起作用的，所以应适当使用，不是加得越多越好，重点分析生成的图片适合哪些画质类提示词。写实类图片、画面复杂的图片加入画质类提示词，能让图片质量得到明显提升。

画质类提示词一般分为：分辨率、细节精度、渲染这三个方面，见表 2-2。

表 2-2　常见的画质类提示词

分　　类	关　键　词	说　　明
分辨率	Ultra HD	超高清
	8K Resolution	8K 分辨率
	4K Resolution	4K 分辨率
	High Definition	高分辨率
	High Quality	高质量
	Best Quality	最佳质量
细节精度	Delicate Detail	精细的细节
	Rich Texture	纹理丰富
	High Quality Detail	高品质细节
	Object Detail	物体细节
	Accurate	精密的
渲染	3D Rendering	3D 渲染
	Unreal Engine	虚幻引擎
	OC Rendering	OC 渲染
	C4D Rendering	C4D 渲染
	Architectural Rendering	建筑渲染
	Interior Rendering	室内渲染

示例

mom takes a child to read a book, indoor, book, desk lamp, 3d, bubble mart, disney, c4d, desk lamp warm light, medium shot, oc rendering, warm and loving, virtual engine, high quality, rich details, 8k

翻译：妈妈带孩子看书，室内，书，台灯，3D，泡泡玛特，迪士尼，C4D，台灯暖光，中景，OC 渲染，温馨有爱，虚拟引擎，高品质，细节丰富，8K

效果如图 2-54 所示。

图 2-54

4. 视角镜头类提示词

视角镜头类提示词决定了画面中的人物位置和拍摄角度。常用的视角镜头类提示词见表 2-3。

表 2-3　常用的视角镜头类提示词

提 示 词	说 明	提 示 词	说 明
Top View	顶视图	Portrait	肖像
Bottom View	底视图	Close-Up	特写
Front View	前视图	Face Shot	脸部特写
Side View	侧视图	Detail Shot	大特写
Back View	背视图	Extreme Close-Up Vi	极端特写视图
Top View	俯视角	Medium Close-Up	中特写
Look Up	仰视	Full Length Shot	全身照
Aerial View	鸟瞰图	Cinematic Shot	电影镜头
Sometric View	等距视图	Ultra Wide Shot	超广角镜头
Close-Up View	特写视图	Wide-Angle View	广角镜头
Product View	产品视图	DSIR	单反
Foreground	前景	Bokeh	背景虚化
Background	背景	First-Person View	第一人称视角
Medium Shot	中景	Long Shot	远景
Medium Long Shot	中远景	Panorama	全景

示例

astronaut on the beach, photorealistic, cinematic footage, medium close-up, side view, surreal, octane rendering, unreal engine, full hd, ultra-detailed, 8k

翻译：沙滩上的宇航员，写实照片，电影镜头，中特写，侧视图，超现实主义，辛烷值渲染，虚幻引擎，全高清，超详细，8K

生成的图片如图 2-55 所示。如果将中景和侧视图改为全景和背视图，则生成的图片如图 2-56 所示。

图 2-55　　　　　　　　　　　　　　　图 2-56

5. 构图类提示词

构图类提示词决定了画面主体在图中的构图方式，常见的构图类提示词见表 2-4。

表 2-4　常见的构图类提示词

提 示 词	说　明	提 示 词	说　明
Center Composition	居中构图	Diagonal Composition	对角线构图
Symmetrical Composition	对称构图	Horizontal Composition	水平线构图
Rule of Thirds Composition	三分法构图	Vertical Composition	垂直构图
S-shaped Composition	型构图	Golden Composition	黄金构图

示例

an illustration shows a person and a dog walking at night, in the style of vibrant color compositions, playful geometry, center composition, editorial illustrations, dark azure and light amber, illustration, artistic reportage, playful characters

翻译：一幅展示一个人和一只狗在夜间行走的插图，采用鲜艳的色彩构图，俏皮的几何图形，居中构图，社论插图，深蓝色和浅琥珀色，插图，艺术报告文学，俏皮的人物

生成的图片如图 2-57 所示。如果将居中构图改为对角线构图，则生成的图片如图 2-58 所示。

图 2-57 图 2-58

6. 光源类提示词

光源类提示词可以快速提升整个图片氛围的质感。

常用的光源类提示词见表 2-5。

表 2-5 常用的光源类提示词

提 示 词	说 明	提 示 词	说 明
Cold Light	冷光	Rim Light	轮廓光
Warm Light	暖光	Back Light	逆光
Morning Light	晨光	Bright	明亮的
Sun Light	太阳光	Top Light	顶光

续表

提 示 词	说 明	提 示 词	说 明
Natural Light	自然光	Reflection Light	反光
Film Ligh	电影光	Bioluminescence	生物光
Studio Light	影棚光	Neon Cold Light	霓虹灯冷光
Golden Hour Light	黄金时段光	Mood Light	情绪光
Cyberpunk light	赛博朋克光	Atmospheric Light	气氛照明
Cold Light	冷光	Rim Light	轮廓光

示例

drawing, girl, portrait, street in hong kong, soft focus, medium shot, portrait, 3d, film lights, ultra high definition, 3d rendering, 90s hong kong background, 8k, excellent quality, excellent detail

翻译：绘图，女孩，人像，香港街头，柔焦，中景，人像，3D，电影光，超高清，3D 渲染，20 世纪 90 年代港风背景，8K，画质极佳，细节极佳

生成的图片如图 2-59 所示。如果将电影光删除，则生成的图片如图 2-60 所示。

图 2-59   图 2-60

我们还可以在提示词中加入木头、瓷器、钻石等材质类提示词，高兴、悲伤、梦幻等表达情绪氛围类提示词，高纯度、多色彩搭配、红色等颜色类提示词。

2.2.3 Nijijourney 操作大全

Nijijourney 产出的图片具有日式二次元风格。本节来具体讲解如何操作它。

1. 添加 Nilijourney 机器人

如果想使用 Nilijourney 机器人生成图片，则需要先把它添加到 Discord 中。

（1）单击界面左侧"＋"号下方的 图标，在对话框中搜索【Niji】，单击下方的第一个搜索项进入，如图 2-61 所示。

图 2-61

（2）进入 Nilijourney 界面后，右上角显示了成员名单，找到 Nijijourney 机器人图标，单击将其添加至服务器列表中，如图 2-62 所示。

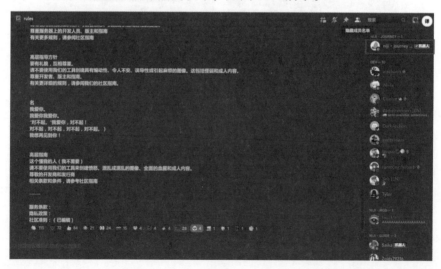

图 2-62

（3）选择一个服务器，然后单击【继续】按钮（如图 2-63 和图 2-64 所示），之后单击【授权】，按照操作确认一下是否是人类。

图 2-63　　　　　　　　　　　　　图 2-64

在操作完成后，Nijijourney 机器人图标就会出现在服务器右侧上方，接下来，你就可以召唤它替你干活了。

提示　Midjourney 简称 MJ，Nijijourney 简称 Niji。在后面的提示词中，经常会用到简称。

2. 参数设置

在 Nijijourney 和 Midjourney 的输入框中，我们可以选择的指令基本相同。指令所表达的含义也基本相同。但它们的参数设置有不同之处。

（1）在对话框中输入【/s】，选中带 Nijijourney 图标的/settings，按 Enter 键确定，如图 2-65 所示。

图 2-65

（2）打开设置界面，如图 2-66 所示。

图 2-66

第 1 行参数：Niji4 和 Niji5 表示版本。

第 2 行参数：风格化参数，分别是低风格、中等风格、高风格、非常高风格。用来控制图片的风格化程度，数值越高则图片的艺术性越强，但与提示词的偏差会越大。

第 3 行参数：风格参数，非常重要。

第 4 行参数和第 5 行参数：与 Midjourney 的相关参数的含义完全相同。

下面我们重点讲解第 3 行参数，对于同一组提示词，我们按照这 5 种风格依次来尝试。

示例

laughing child, portrait, clear features, wearing hat, country summer picnic, camping, tent, meadow, flying a kite, hills, green, sun light, anime, hayao miyazaki style, poster masterpiece, best quality

翻译：笑的孩子，肖像，清晰的特征，戴着帽子，乡村夏日野餐，露营，帐篷，草地，放风筝，山丘，绿色，太阳光，动漫，宫崎骏风格，海报杰作，最好的质量

- 【Default Style】：默认风格，日式动漫风格，色彩饱和度高。生成的图片如图 2-67 所示。
- 【Expressive Style】：表现风格，人像模式风格。绘制"二次元"人物时选择该风格。这种风格重点表现人物，不会呈现太多背景细节。生成的图片如图 2-68 所示。

图 2-67　　　　　　　　　　　　　　　图 2-68

- 【Cute Style】：可爱风格，不管提示词中有没有"可爱"，最后呈现的画面人物形象都偏可爱。色彩饱和度比 Default Style 更高。生成的图片如图 2-69 所示。
- 【Scenic Style】：风景风格，重点表现画面背景。绘制风景类插画时可选择该风格。生成的图片如图 2-70 所示。
- 【Original Style】：原来的默认风格，最原始的"二次元"风格，画面中常出现奇怪元素，手指生成易出现问题，但光影处理较生动。生成的图片如图 2-71 和图 2-72 所示。

图 2-69　　　　　　　　　　　　　图 2-70

图 2-71　　　　　　　　　　　　　图 2-72

　　只要我们在对话框中输入提示词，就可以召唤 Nijijourney 机器人来生成图片。

　　提示　总的来说，Midjourne 生成的图片更偏写实，Nijijourney 生成的图片更偏日式动漫风。在绘制中国风人物时，Nijijourney 也更有表现力，效果更好。

示例

an illustration of a grim woman in traditional Chinese dress, black hair, blue eyes, delicate facial features, exquisite headgear, tang suit, holding a sword, front view, waist up view, red and blue, vivid colors, acrylic painting, pixiv, centered composition, natural light, 8k, best quality, ultra-detailed --niji 5

翻译：一幅中国传统服饰的冷酷女人插图，黑发，蓝眼睛，精致的五官，精美头饰，唐装，手拿宝剑，正面，腰部以上图，红色和蓝色，鲜艳的色彩，丙烯画，pixiv 网站，居中构图，自然光，8K，最好的质量，超详细 --Niji 5

生成的图片如图 2-73 和图 2-74 所示。

图 2-73　　　　　　　　　　　　　　　　图 2-74

2.2.4　AI 设计师打开 ChatpGPT 的正确方式

大家都知道 ChatGPT 可以帮我们写论文、写小说、做调研报告、做 PPT、回答我们向它提的各种各样的问题。那么对于设计师而言，ChatGPT 能帮助我们做些什么呢？我们该如何向它提问呢？

带着这些问题，我们来看下面这两个案例。

第一个提问如图 2-75 所示。

我要设计一个宠物店LOGO，请给我提供灵感和思路

当设计宠物店的LOGO时，有几个关键因素可以考虑，以帮助您获得灵感和思路：

1. 主题和风格：确定您希望LOGO传达的主题和感觉。您可以选择传统的、可爱的、时尚的或者有趣的风格。考虑与宠物有关的元素，例如动物、骨头、爪子、食物等，以及颜色和字体的搭配。
2. 简洁性：一个成功的LOGO通常是简单而直接的。尽量避免过多复杂的细节，确保LOGO在各种尺寸和应用中都能清晰可辨。
3. 可识别性：一个好的LOGO应该容易被人们识别和记住。尝试使用独特的形状或标志，以使您的LOGO在人们心中留下深刻印象。
4. 色彩选择：选择适合宠物店的色彩，可以考虑使用明亮、温暖、友好的颜色，如蓝色、绿色、橙色等。避免使用过多的颜色，以保持LOGO的清晰度。
5. 字体选择：选择适合宠物店品牌形象的字体。可以尝试使用圆润、有趣或专业的字体。确保字体清晰可读，并与LOGO的整体风格相匹配。
6. 创意和个性化：不要害怕展示一些独特的创意和个性化元素。思考您的宠物店的特点、价值观和目标受众，以使LOGO更具独特性和相关性。
7. 适应性：考虑LOGO在不同媒体和平台上的应用。确保它在不同尺寸和背景下都能清晰可见，并保持其识别度。

最重要的是，这是您品牌形象的一部分，所以确保您的LOGO与您的宠物店的整体定位和价值观相符。

在设计LOGO之前，您可以浏览一些已存在的宠物店LOGO，获取灵感，并从中获得一些设计思路。然后，可以使用设计工具或聘请专业设计师来帮助您打造一个独特而令人印象深刻的LOGO。

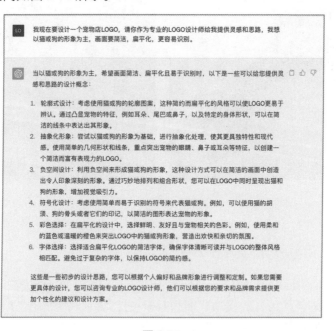

图 2-75

第二个提问如图 2-76 所示。

我现在要设计一个宠物店LOGO，请你作为专业的LOGO设计师给我提供灵感和思路，我想以猫或狗的形象为主，画面要简洁，扁平化，更容易识别。

当以猫或狗的形象为主，希望画面简洁、扁平化且易于识别时，以下是一些可以给您提供灵感和思路的设计概念：

1. 轮廓式设计：考虑使用猫或狗的轮廓图案，这种简约而扁平化的风格可以使LOGO更易于辨认。通过凸显宠物的特征，例如耳朵、尾巴或鼻子，以及特定的身体形状，可以在简洁的线条中表达出其形象。
2. 抽象化形象：尝试以猫或狗的形象为基础，进行抽象化处理，使其更具独特性和现代感。使用简单的几何形状和线条，重点突出宠物的眼睛、鼻子或耳朵等特征，以创建一个简洁而富有表现力的LOGO。
3. 负空间设计：利用负空间来形成猫或狗的形象，这种设计方式可以在简洁的画面中创造出令人印象深刻的形象。通过巧妙地排列和组合形状，您可以在LOGO中同时呈现出猫和狗的形象，增加视觉吸引力。
4. 符号化设计：考虑使用简单而易于识别的符号来代表猫或狗。例如，可以使用猫的胡须、狗的骨头或者它们的印记，以简洁的图形表达宠物的形象。
5. 彩色选择：在扁平化的设计中，选择鲜明、友好且与宠物相关的色彩。例如，使用柔和的蓝色或温暖的橙色来突出LOGO中的猫或狗形象，营造出欢快和亲切的氛围。
6. 字体选择：选择适合扁平化LOGO的简洁字体，确保字体清晰可读并与LOGO的整体风格相匹配。避免过于复杂的字体，以保持LOGO的简约感。

这些是一些初步的设计思路，您可以根据个人偏好和品牌形象进行调整和定制。如果您需要更具体的设计，您可以咨询专业的LOGO设计师，他们可以根据您的要求和品牌需求提供更加个性化的建议和设计方案。

图 2-76

ChatGPT 给出了两种不一样的回答。

第一个提问，问得很不具体，很笼统，ChatGPT 的回答也很空洞，没有太多

参考意义。

　　第二个提问，相对具体：首先告诉了 ChatGPT 我的需求，再给了 ChatGPT 一个专业的身份，最后对需求进行了补充说明。这样提问得到的回答较为满意。

　　所以，有效提问的模板是：

【告知需求 ＋ 赋予身份 ＋ 交代背景 ＋ 补充说明】

　　请您掌握这套提问模板，它通用于所有的行业、所有问题。掌握了提问模板，那么 ChatGPT 可以赋予设计师哪些能力呢？

1. 提供设计灵感和创意

ChatGPT 可以给我们提供一定的灵感，如图 2-77 所示。

图 2-77

如果你对回答不是很满意，可以进行追问，如图 2-78 和图 2-79 所示。

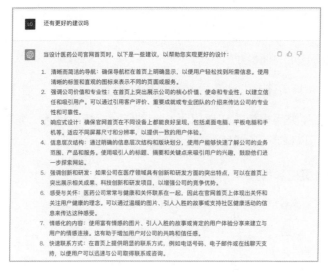

图 2-78

图 2-79

2. 优化设计说明

有些设计师做设计很厉害，但写设计说明就很头疼。你的设计再优秀，如果没有好的表达来阐述它，那么肯定也是不行的。现在不用焦虑了，有了 ChatGPT这个问题就迎刃而解，如图 2-80 所示。

請你作為專業的 Logo 設計師，幫我優化 Logo 設計說明，內容為："用抽象水源與稻谷勾成一個太極圖，寓意著生生不息。太極兩半一半為青山綠水中的綠水，另一半為碩大且顆顆飽滿的谷物，體現了公司對天然健康食品的高品質追求。綠水與谷物相互交融的大極圖，即寓意谷物間的陰陽調和，也象徵著公司的生生不息。"

Logo設計說明優化建議：

使用抽象化的水源和稻谷勾勒出太極圖案，寓意著生生不息。太極圖案中的一半代表著青山綠水，另一半則代表豐盈的谷物，象徵著公司對天然健康食品高品質的追求。綠水和谷物的融合形成了一個大的太極圖案，不僅象徵著谷物之間的陰陽調和，也象徵著公司的生生不息。

優化後的Logo設計說明：

我們的Logo設計以抽象化的水源和稻谷勾勒出太極圖案，寓意著生生不息的精神。太極圖案中的一半代表著青山綠水，象徵著自然之美和健康之源。另一半則代表著碩大而飽滿的谷物，體現了我們對天然健康食品高品質的追求。

通過綠水和谷物的相互交融，我們傳達了谷物間陰陽的調和與平衡。這不僅代表了我們產品的營養與均衡，也象徵著公司生生不息的發展態勢。整體設計簡潔而富有力量感，展現了我們對天然食品的承諾和追求。

图 2-80

3. "ChatGPT + AI 绘画工具"神仙组合

"ChatGPT + AI 绘画工具"结合能擦出什么样的火花呢？效果惊艳到你想象不到。

（1）生成场景的方法。

让 ChatGPT 描述武侠场景（如图 2-81 所示），然后将武侠场景提炼为提示词（如图 2-82 所示）。

请帮我描述一个武侠场景，内容为"一个武林高手在竹林中习武"

在一片幽静的竹林中，一位身穿黑色武装服装的武林高手正在那里专心致志地习武。

黄昏时分，夕阳的余晖穿过竹林的缝隙，洒下斑驳的光斑，映照在高手身上。他站立在一块平整的石台上，周围是翠绿的竹子，一阵微风吹来，竹叶发出沙沙的声音，仿佛在为他伴奏。

高手的目光沉静而坚定，他双手握着一把剑，剑身透着寒光。每一次挥剑，都带着犹如山风般的威势，劲道十足。剑招间的每个动作都流畅而精准，他的身形在竹林中翩翩起舞，如行云流水般自由自在。

周围的竹子仿佛也为他伴奏，随着他的剑招摇曳生姿，发出低沉的响声。竹叶被他的内力激荡，发出沙沙作响的声音，仿佛在为他鼓励。

随着习武的进行，高手的气势愈发凌厉，仿佛化身为山林中的猛兽，充满力量和野性。他在竹林中来去如风，身形矫健灵活，每一次剑招都散发着无与伦比的威严和霸气。

整个竹林中弥漫着浓郁的武侠氛围，仿佛隐藏着无数刀剑交错、武林争霸的传说。高手的习武之音回荡在竹林中，彰显着他对武道的执着和追求。

图 2-81

LO 再将描述的场景语句提炼成Midjourney可识别的关键字，并翻译成英文

关键词：武林高手、竹林、习武、黄昏、夕阳余晖、石台、剑、山风、流水般的身形、竹子摇曳、内力、气势凌厉、野性、武侠氛围、剑招、力量、武道追求。

英文翻译：Martial arts master, bamboo forest, martial training, dusk, evening sun's glow, stone platform, sword, mountain breeze, flowing movements, swaying bamboo, inner strength, fierce momentum, wilderness, martial atmosphere, sword techniques, power, pursuit of martial arts.

图 2-82

之后，将提示词粘贴到 Midjourney 对话框中生成图片。这样一组优质的武侠场景图就轻松完成了，如图 2-83 和图 2-84 所示。

图 2-83   图 2-84

同理，你在工作中想要什么样的场景，都可以通过这样的方式来得到。还可以添加构图、画质、参考风格等提示词得到更高质量、更符合心理预期的图片。

（2）生成图片的另一种方法。

除通过上面这种方式得到图片外，还有一种方法。

首先，直接生成 Midjourney 可以识别的提示词，如图 2-85 所示。

> **LO**　请帮我生成Midjourney可识别的关键词并翻译成英文，内容为：端午节背景，例如：端午节，粽子
>
> 🌀　关键词：端午节、粽子、龙舟、艾草、包粽子、传统食品、赛龙舟、屈原、中国传统节日。　⎘ 👍 👎
>
> 　　英文翻译：Dragon Boat Festival, Zongzi (sticky rice dumplings wrapped in bamboo leaves), dragon boat racing, mugwort (used in traditional rituals), making Zongzi, traditional food, dragon boat competition, Qu Yuan, Chinese traditional festival.

图 2-85

然后，把上面提示词复制粘贴到 Midjourney 对话框中生成图片，如图 2-86 所示。

图 2-86

总结一下提问图片英文提示词的模板：

【请你帮我生成 Midjourney 可识别的提示词并翻译成英文，内容为："……"，例如：……】

利用这个模板，可生成图片的英文提示词。

4. 解答疑惑

在做设计的过程中，遇到任何疑惑，都可以通过 ChatGPT 来解答。让它成为你设计道路上的"军师"，答疑解惑，提升设计效率。ChatGPT 对于新手特别友好，就好像工作中有位设计导师在指导你快速进步。请按照我们前面所介绍的模板来向 ChatGPT 进行提问，如图 2-87 所示。

LO 我现在要设计一个网页首页，请你作为专业网页设计师，告诉我网页中文字设计规范

在网页设计中，文字设计是至关重要的，它可以影响用户对网站的理解、吸引力和可读性。以下是一些常见的网页文字设计规范：

1. 字体选择：选择合适的字体对网页的整体风格和品牌形象至关重要。确保字体易读，适应不同屏幕尺寸和设备。通常，选择简洁、清晰的字体，并确保在不同操作系统和浏览器上一致显示。
2. 字号和行间距：合理的字号和行间距可以提升文字的可读性。根据不同文本的重要性和层次，选择适当的字号和行间距。重要的标题可以使用较大的字号，而正文和小标题可以使用较小的字号。
3. 字体颜色：字体颜色应与背景颜色形成对比，以确保文字清晰可读。黑色或深灰色通常是最常见的选择，但根据网页的整体设计，可以选择其他适合的颜色。
4. 字重和斜体：使用不同的字重和斜体可以强调重要的文字内容，引导用户的注意力。但过度使用会导致混乱和视觉疲劳，因此应谨慎使用。
5. 对齐方式：选择合适的对齐方式可以提升网页的整体美观和可读性。常见的对齐方式有左对齐、居中对齐和右对齐。对于长段落的正文内容，左对齐是最常见的选择，而标题和导航栏等元素通常采用居中或右对齐。
6. 段落和分段：合理的段落和分段可以使文字内容更易于阅读。使用段落标记和适当的间距来区分不同的段落和内容块，帮助用户更好地浏览和理解页面。
7. 标题和副标题：标题和副标题应该醒目并突出，以吸引用户的注意力。使用较大的字号、粗体或不同的颜色来区分标题和副标题，使其在页面上更加显眼。
8. 利用空白空间：在网页设计中，留白是非常重要的。合理利用空白空间可以提升文字的可读性和排版效果，使页面看起来更加清晰、简洁和专业。

这些规范可以作为指导，但在具体设计中应根据您的网页定位、品牌风格和目标受众进行调整和优化。关注用户体验，确保文字设计与整体网页风格和功能相匹配，并提供良好的可读性和易用性。

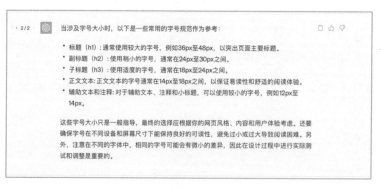

图 2-87

当 ChatGPT 给出的答案过于笼统、不够具体时，我们可以进行不断追问，让它给出具体的数据。最后的回答还是比较精准的。它给出的字号大小也正是我们网页设计所要求的字号大小（如图 2-88 所示）。

‹ 2/2 › 当涉及字号大小时，以下是一些常用的字号规范作为参考：

- 标题（h1）：通常使用较大的字号，例如36px至48px，以突出页面主要标题。
- 副标题（h2）：使用稍小的字号，通常在24px至30px之间。
- 子标题（h3）：使用适度的字号，通常在18px至24px之间。
- 正文文本: 正文文本的字号通常在14px至18px之间，以保证易读性和舒适的阅读体验。
- 辅助文本和注释: 对于辅助文本、注释和小标题，可以使用较小的字号，例如12px至14px。

这些字号大小只是一般指导，最终的选择应根据你的网页风格、内容和用户体验考虑。还要确保字号在不同设备和屏幕尺寸下能保持良好的可读性，避免过小或过大导致阅读困难。另外，注意在不同的字体中，相同的字号可能会有微小的差异，因此在设计过程中进行实际测试和调整是重要的。

图 2-88

你在设计过程中有什么不懂的问题，快去试试吧。

第 2 篇

AI 商业设计

第 3 章

AI 在商业插画中的应用

3.1 AI 国潮插画

国潮插画最近几年越来越受到甲方的青睐，已经成为插画设计中比较贵的一种设计。如果你没有绘画基础，没有十几年的美术功底，那你一定要学会如何利用 AI 生成国潮插画。

3.1.1 深入了解国潮插画

3.1.1.1 国潮插画的设计风格特征

（1）多元文化融合：国潮插画设计常融合了中国传统元素和现代风格，其形式和内容都吸收了传统文化、现代艺术和流行文化的元素，呈现出独特的风格。

（2）强调丰富色彩：国潮插画设计通常采用鲜艳明快、色彩丰富的调色板，通过色彩强烈的对比营造出一个活泼、愉悦的氛围。

（3）线条简洁明快：国潮插画设计的线条表现通常比较简洁明了，轮廓细节清晰，能够准确地表现出画面中的主体形态和特征。

（4）传统文化元素：国潮插画设计通常会使用传统文化元素来装饰画面，如中国书法、民间艺术等，从而强化作品的文化内涵。

（5）夸张手法：国潮插画设计善于运用夸张的表现手法来增强画面的视觉冲击力，如放大或缩小物体的尺寸、变形等。

（6）追求创新：国潮插画设计常运用重新编排创新的手法，把传统元素进行重新演绎和加工，打造出新颖的视觉效果。

3.1.1.2　国潮插画的配色特征

（1）饱和度高：国潮插画通常饱和度很高，画面更加鲜艳、生动、有趣。

（2）大量红色：红色是中国传统文化中非常重要的颜色，它在国潮插画中也经常出现。

（3）对比色运用：国潮插画常使用对比色，如红色和蓝色、黄色和紫色、黄色和蓝色等，以增强画面的对比度和视觉冲击力。

图 3-1 和图 3-2 是 AI 生成的两张国潮插画。

图 3-1　　　　　　　　　　　　图 3-2

3.1.1.3　国潮插画师代表人物

在提示词中，我们可以加入国潮画师代表人物。AI 擅长模仿艺术大师进行创作，还可以将多名艺术大师的风格混合搭配，给你意想不到的效果。

1. 倪传婧（Victo NgAI）

香港插画师，被称为国潮插画师的鼻祖。她的作品没有一种具体的风格定义，她擅长很多风格。她是 2014 年"福布斯"30 位 30 岁以下艺术榜单上最年轻的设计师。

2. 黄海

相信做设计的没有人不知道黄海设计师，他是国内目前最贵的海报设计师，号称天才设计师，是中国电影插画海报设计的天花板。《龙猫》《千与千寻》《大鱼海棠》《影》《海上钢琴师》《我不是药神》《我在故宫修文物》《梅兰芳》等影视作品的海报，都出自他手。

3. 张渔

电影海报设计圈有一句话：男有黄海，女有张渔。

张渔是出生于 20 世纪 80 年代的女生，她擅长用水墨画去描绘古老神话传说和山水怪异。《白蛇缘起》《画壁》《知否知否应是绿肥红瘦》《大护法》等水墨风海报都是她创作的。

4. 早稻

青年漫画家，曾为周星驰电影绘制插画，也曾为《姜子牙》《美人鱼》《大圣归来》等电影创作经典海报。

在平时，我们可以多收集学习她们的作品。在 AI 创作过程中，在提示词中添加知名插画大师名字或采用他们的作品去"垫图"，那就可以创作出与这名艺术大师风格相似的图片。

3.1.2 案例实战：敦煌少女国潮风插画

案例需求：设计一幅敦煌少女插画，符合国潮插画风格。

3.1.2.1 寻找优秀的参考图片

第一阶段是寻找优秀的参考图片，这个参考图片可以是敦煌飞天壁画，也可以是电视剧、电影里一个敦煌少女跳舞的画面，还可以是现在很流行的敦煌人像写真。接下来，我们构思画面，确定想要的主题和画面内容，选中一张参考图片在 Midjourney "垫图"反推出提示词。

"垫图"这一步是让 AI 了解画面人物的姿态、动作和服饰风格等，识别出颜色。敦煌飞天插画作品融合了中国传统绘画、民间艺术、西域风格，具有独特、新颖的艺术效果。

3.1.2.2 整理提示词

对于整理提示词，分为自己整理、ChatGPT 助写和利用参考图片反推，再对这三个部分收集的提示词进行优化。

1. 自己整理

【画面主体】：一个敦煌少女跳舞画面

【画面细节】：少女穿着敦煌服饰，华丽的头饰，美丽的脸庞，精美的耳饰

【参考风格】：国潮插画，敦煌飞天，敦煌壁画，倪传婧（Victo NgAI）风格

【构图】：居中，全身侧面照

【灯光】：柔和光线

【画质】：矢量，高品质细节，最佳质量

　　提示　提示词之间用逗号间隔开，我们可以整理好中文提示词，再用翻译软件将其翻译为英文。

2. ChatGPT 助写

在让 ChatGPT 生成画面提示词时，按照提问模板向它提问，如图 3-3 所示。

图 3-3

通过 ChatGPT 助写我们得到：敦煌飞天神女图（Dunhuang Flying Celestial Maiden Painting）、国画（Traditional Chinese Painting）等提示词。

3. 利用参考图片反推

利用 Midjourney 中的 describe 指令插入参考图片，反推得到四组提示词。我们选择第一组提示词。

a work of a Chinese goddess, fantasy illustration style, light gold and deep sea sapphire, 32K high definition, beauty, detailed clothing, new style, romantic realism

翻译：一幅中国女神作品，奇幻插画风格，浅金色和深海蓝宝石，32K 高清，美女，细节服装，新风格，浪漫现实主义

3.1.3.3　AI 炼图

整理以上三步得到的提示词，我们得到以下提示词。

an illustration of a Chinese dunhuang girl, dance，full body profile，dunhuang flying apsaras, Chinese style illustration, Chinese painting, fantasy illustration style, national tide illustration，light gold and deep sea sapphire, beauty, detailed clothing, neorealism, high quality image，8k

翻译：中国敦煌少女插画，舞蹈，全身侧影，敦煌飞天，中国风插画，国画，奇幻插画风，国潮插画，浅金深海蓝宝石，美女，细节服饰，新现实主义，高质量的图像，8K

1. 垫图

（1）将参考图片拖入 Midjourney 界面对话框中，之后按 Enter 键确定，如图 3-4 所示，这样图片就算正式进入 Midjourney 了。

图 3-4

（2）单击图片将其打开，在图片上单击鼠标右键，在弹出的菜单中选择"复制图片地址"命令，如图 3-5 所示。

（3）在对话框中输入【/imagine + 参考图片的链接 + 空格 + 提示词】，之后按 Enter 键，如图 3-6 所示。

图 3-5

图 3-6

30 秒后，AI 生成第一组 4 张图片，如图 3-7 所示。

图 3-7

此时可以看到，画面偏写实，缺少国潮风格。我们再增加光线和选择一位艺术家的风格，最终提示词如下。

an illustration of a Chinese dunhuang girl, dance，full body profile，dunhuang flying apsaras, Chinese style illustration, victo ngai, Chinese painting, fantasy illustration style, national tide illustration, light gold and deep sea sapphire, beauty, detailed clothing, neorealism, pastel light, high quality image, 8k

翻译：中国敦煌少女插画，舞蹈，全身侧影，敦煌飞天，中国风插画，倪传婧，国画，奇幻插画风，国潮插画，浅金深海蓝宝石，美女，细节服饰，新现实主义，柔和的光线，高质量的图像，8K

将艺术家名字放在前面以增加权重效果。AI 生成的图片常具有不可控性，我们只有通过不断优化提示词、"垫图"和多次刷图去得到满意的图片。手指的绘制一直是 Midjourney 的一个弱项。在 Midjourney 5 出来后，手指问题得到一定程度的改善。

经过不断刷图，我们最终选择两张比较满意的图片，如图 3-8 所示。

图 3-8

加上艺术家名字后，国潮风格就出现了，更像是手绘国潮的感觉。同理，你可以换上其他艺术家名字来进行尝试。当然最后生成的图片同样需要拖到 Photoshop 中进行修饰和优化，处理手部问题。希望随着 Midjourney 的升级它能早日解决手指绘制问题。

图 3-9 是更换了艺术家名字（换成"张渔"）后的效果。

图 3-9

以上两组图片都属于国潮插画风格。但它们画面质感又有区别：加入"倪传婧"提示词，AI 生成的图更具有国画感，画面线条更清晰，细节更丰富；加入"张渔"提示词，AI 生成的图背景更柔和，线条人物偏写实感，画面颜色相较第一组要浅一些。

3.1.3　【提示词模板】AI 国潮插画

AI 国潮插画的提示词模板如下：

参考图片的链接* + 主体* + 画面细节* + 国潮插画 + 中国风插画 + 参考大师风格* + 历史插画 +怀旧插画 + 颜色* + 画质* + 图片比例* + MJ V5 + Style Raw

说明，Style Raw 是 MJ V5 下的一种风格。

提示　在模板中，带*的词组（如"参考图片的链接*"），读者应根据实现情况换成自己的内容；不带*的词组（如"National Tide Illustration"），就是真正往提示词框中输入的内容。

下面列出不带*的词组（提示词）的中文。只介绍那些重要的、不太好记忆的词组，对于常见的、比较简单的词组，下面就不给出中文了。全书下同。

主要提示词的英文　国潮插画（National Tide Illustration）、中国风插画（Chinese Style Illustration）、历史插画（Historical Illustration）、怀旧插画（Nostalgic Illustration）

提示 如果我们加入了增强画质清晰的提示词，仍然满足不了项目对于图片清晰度的要求，那该怎么办？给大家推荐一个清晰画质的小工具"Upscayl"。它清晰图片的效果优秀，操作简单。其操作界面如图 3-10 所示。

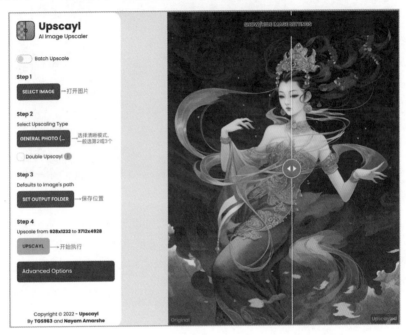

图 3-10

处理完成后，图片的大小变为原来的 4 倍，基本可以满足商业项目对于图片画质的要求。

提示 模板并不需要像数学、物理公式那样严谨，比如想参考某位设计师的风格，可以写成"设计师 Style""Design by 设计师"，或者在提示词中加上设计师的名字，AI 都可以识别出您是想参考某位设计师的风格。所以，在下文中有的地方故意采用了不同的表达，希望读者可以知晓这点。

3.2 AI 科技风商业插画

科技风商业插画属于一种结合了商业与科技元素的插画。它可以适用在不同的场合，比如公司的官网，UI 引导页、活动运营插画、App 内的 Banner、手机海报等。

3.2.1　深入了解科技风商业插画

3.2.1.1　科技风商业插画的设计风格特征

（1）科技元素：画面中常有现代科技元素，比如电脑、数字化、代码、商务人物等，图片具有浓厚的商业气息。

（2）简约与扁平化：这种风格插画主要采用简约与扁平化设计风格，没有太复杂的元素。

（3）强调高科技色彩：画面中多为代表公司企业的蓝色、互联网的绿色和冷灰色，从而表现科技感和未来感。

3.2.1.2　科技风商业插画的配色特征

科技风商业插画常采用冷色系与中性色进行搭配，配色简洁明了，富有层次感。

（1）蓝色与中性色：蓝色与黑、白、灰搭配，以突出现代感与商务感。

（2）绿色与中性色：绿色与黑、白、灰搭配，以突出现代互联网科技感。

（3）金色与中性色：金属质感的灰色与金色搭配，以突出未来感和高级感。

（4）高亮度与高饱和度较高的颜色：比如亮蓝色、荧光绿色、红色等，以增加视觉冲击力和吸引力。

AI 生成的数字云插画图如图 3-11 所示。

图 3-11

3.2.2　案例实战：求职类 App 中的商业插画

案例需求：设计一幅求职类 App 商业插画，画面颜色以亮绿色为主。

3.2.2.1　寻找优秀的参考图片

在网站上寻找优秀的参考图片。我们可以找偏商务性的扁平插画。插画网站推荐国内的花瓣网，国外的 Pinterest、Dribbble、Behance、Freepik 等网站。

3.2.2.2　整理提示词

整理提示词分为自己整理、ChatGPT 助写、利用参考图片反推，再将收集到的提示词进行优化。

1. 自己整理

【画面主体】：一个面试的男士在讲台上演讲的画面

【画面细节】：会议室、面试官、桌子、植物、电脑、PPT

【参考风格】：扁平插画，Dribbble 趋势，Behance 流行风格

【构图】：居中，中景

【灯光】：太阳光线

【画质】：矢量、高质量图、8K

2. ChatgGPT 助写

接下来让 ChatGPT 描述场景"一个面试的男士在讲台上演讲的画面"，再让它从场景中提取可用的提示词。具体操作如图 3-12 和图 3-13 所示。

通过 ChatGPT 助写，我们得到以下提示词：

面试的男士（Male Candidate In An Interview），讲台上（On The Podium），演讲（Speech），西装（Suit），自信（Confident），微笑（Smiling），面试官（Interviewer），观众（Audience），黑板（Blackboard），语调（Tone Of Voice），注意力（Attention），经验（Experience），知识（Knowledge）

图 3-12　　　　　　　　　　　　　　　　　　图 3-13

3. 利用参考图片反推

在 Midjourney 对话框中输入【/Describe】，导入参考图片，反推出一组提示词。

meeting people with calculator, chart and graphs flat presentation design vector illustration, in the style of light yellow and dark green, rough-edged 2d animation, linear illustrations, contemporary metallurgy, graphic design-inspired illustrations, 1970–present, charming illustrations

翻译：用计算器、图表和图形与人会面平面演示设计矢量图标，浅黄色和深绿色风格，粗糙的二维动画，线性插图，当代冶金，平面设计灵感插图，1970 年至今，迷人的插图

这段反推出的英文有点不正常。用图片反推提示词有时就是这样的，所以我们还需要自己整理。

3.2.2.3　AI 炼图

整理以上得到的提示词，得到以下提示词。

flat illustration of a man giving a speech on a podium, confident smile, conference room, interviewer, ppt, podium, plant, green style, 2d animation, linear illustration, flat design inspiration illustration, charming illustration, middle shot, centered composition , sun rays, vector, high quality image, 8k

翻译：一个男士在讲台上演讲的扁平插画，自信的微笑，会议室，面试官，PPT，讲台，植物，绿色风格，二维动画，线性插图，平面设计灵感插图，迷人的插图，中景，居中构图，太阳光线，矢量，高质量图，8K

将参考图片"垫图"加上以上提示词，得到初步生成的图片，如图 3-14 所示。

图 3-14

现在我们在提示词中加入参考网站风格提示词【Trending On Dribbble】和【Popular On Behance Style】，再次生成图片（若效果不满意则多刷新几次），经过几次刷新，最终效果如图 3-15 所示。

图 3-15

3.2.3　【提示词模板】AI 科技风商业插画

科技风商业插画设计的重点是最初画面的构建，画面的构建一定要符合设计主题内容。颜色的搭配要符合互联网特性，突出科技感和现代感。科技风商业插画的提示词如下：

参考图片的链接* + 主体* + 画面细节* + 二维动画 + 线性插图 + 扁平插画 + Dribbble 趋势 + Behance 流行风格 + 颜色* + 自然光 + 画质* + 图片比例* + MJ V5 + Style Raw

主要提示词的英文　二维动画（2D Animation）、线性插图（Linear Illustratio）、扁平插画（Flat Illustration）、Dribbble 趋势（Trending On Dribbble）、Behance 流行风格（Popular On Behance Style）、自然光（Natural Light）

3.3　AI 绘本插画

谈论起绘本插画，大家首先想到的是精美的插画和引人入胜的故事。绘本插画设计对于插画师的要求较高，这类插画师要具备手绘功底、设计和色彩的理论，以及丰富的想象力。我们创作一本绘本插画常需要先确定人物角色，然后根据故事创造许多生动形象的画面场景，整个过程用时较长。但现在 AI 绘画出现了，它既可以让"小白"也能制作绘本插画，又可以大大缩短整个创作工期。

3.3.1　深入了解绘本插画

3.3.1.1　绘本插画的风格特征

绘本插画的主流风格特征如下。

（1）水彩风格：传统的绘本插画风格，使用水彩颜料手绘而成的效果。画面柔和，采用淡雅的颜色，呈现出一种温暖的色调。

（2）黑白线描风格：主要用黑白两种线勾勒，呈现出独特的纹理和细节，给人一种朴素而古典的感觉。

（3）平面风格：运用常见的几何图形和线条加上鲜艳的色彩，创造出现代感十足的感觉。

（4）3D 风格：插画师运用电脑图形软件创作的风格，常常有逼真的人物角色和绚丽的色彩，以及真实的场景。它常用于科幻、奇幻、童话和寓言故事中，让读者想象力十足。

（5）传统风格：采用传统的绘画方式来绘制。这些方式有丰富的色彩和纹理效果，给绘本插画带来更多的细腻和表现。

3.3.1.2 绘本插画的代表人物

绘本插画以儿童绘本插画为主。在这个领域有很多知名的插画师。

（1）艾瑞·卡尔（Eric Carle）：美国插画师，以色彩鲜明、简洁生动的画风而闻名，代表作品有《饥饿的毛毛虫》等。

（2）莫里斯·森达克（Maurice Sendak）：美国插画家和作家，以富有想象力和情感的绘画风格而闻名。其代表作品《野兽出笼》被誉为绘本界的经典之作。

（3）简·布雷特（Jan Brett）：美国插画家，她的插画以精致的细节和充满民俗风情的背景而闻名。其代表作品包括《纳威和他的小熊》等。

（4）海伦·奥克斯伯瑞（Helen Oxenbury）：英国插画师，作品以温柔和亲密的家庭场景为特点。其代表作品是《我们一起走吧》。

（5）彼得·雷诺兹（Peter H. Reynolds）：美国插画家，以简洁的线条和明亮的色彩画风而闻名。其代表作品包括《点点点》和《天空的恩赐》等。

想将来从事绘本插画的设计师，可以多收集他们的作品，对这些作品进行反复观察、思考和模仿，相信经过多年沉淀，你慢慢就会形成自己独树一帜的设计风格。图 3-16 是 AI 创作的水彩风格的绘本插画画面。

图 3-16

3.3.2　案例实战：《小猫悠悠的冒险之旅》绘本插画

3.3.2.1　用 ChatGPT 创作故事情节

这个绘本讲述了一只小猫流浪冒险故事，分为 12 章。绘本阅读对象为 3~6 岁的孩子。

在工作中，故事剧本一般由甲方提供，这里我们以 ChatGPT 生成的故事剧本为案例来设计绘本插画。提问方式如图 3-17 所示。

图 3-17

提问方式仍然采用第 2 章介绍的有效提问的模板【告知需求 + 赋予身份 + 交代背景 + 补充说明】来进行。如果觉得故事不够详细，则可以继续追问，让 ChatGPT 生成更详细的故事情节，并带有角色间的对话内容。

接下来我们来创作绘本主角——小猫"悠悠"。

3.3.2.2　设定绘本主角

【绘本主角】一只猫咪，名为"悠悠"，2 岁

【外形特征】黑色毛发、身材瘦小、黄色眼珠

【性格特征】勇敢、善良、开朗

主角的外形应简单：①方便读者记住，②方便在所有场景中统一主角的外形。

若主角是一个小女孩，则可以设定"黑色短发"和"身穿粉色连裙子"为其外形特征。AI 绘本插画设计中最难的点是，保证在所有场景画面中主角外形是统一的。

根据设定的主角整理以下提示词，然后在 Midjourney 中生成图片。

a cat, animal character design, black hair, yellow eyes, thin body, jun miyazaki style, white background, various poses and expressions, game asset table --ar 3:4

翻译：一只猫，动物角色设计，黑色毛发，黄色眼珠，身材瘦小，宫崎骏风格，白色背景，各种姿势与表情，游戏资产表 --图片比例 3：4

利用上述提示词多生成几次，挑选较为满意的一组图片，如图 3-18 所示。

将这张图片"垫图"，再加上角色提示词生成图片，经过多次刷图，最终确定了角色形象，如图 3-19 所示。

图 3-18　　　　　　　　　　图 3-19

3.3.2.3　用 AI 生成插图

1. 生成章节 1 的插图

创建好主角后，接来让 AI 生成绘本场景插图。下面以章节 1 和章节 2 来实践操作，告诉大家如何在整个绘本中保持插图风格和主角形象的统一。

首先，让 ChatGPT 生成关于章节 1 场景 Midjourney 可识别的提示词，如图 3-20 所示。

图 3-20

ChatGPT 给出的提示词有：Warm Family, Adorable Kitten, Kind Girl, Playing, Sharing Food, Bruno The Dog（温暖家庭、可爱的小猫、善良的女孩、玩耍、分享食物、布鲁诺的狗狗）。若是甲方的文案剧本，则可将剧本复制到 ChatGPT 中让它生成提示词。

将 ChatGPT 生成的提示词加上自己整理的提示词进行优化。章节 1 的最终提示词如下：

illustration of a kitten and a girl playing happily, warm and loving, cute black kitten, laughing girl, hayao miyazaki style, children's picture book style, indoor, morning light, beautiful perspective, panorama, high definition , very detailed --seed 4161058243 --ar 16:9

翻译：一只小猫和一个女孩开心玩耍的插画，温暖有爱，可爱的黑色小猫，大笑的女孩，宫崎骏风格，儿童绘本风格，室内，晨光，美丽的视角，全景图，高清晰度，非常细节，--Seed 值 4161058243 --图片比例 16：9

我们设定绘本的摊开尺寸为 16：9，生成的画面如图 3-21 所示。

图 3-21

在上方提示词中有一个参数——seed 4161058243，这个参数非常重要。在第 2 章中讲过 Seed 是"种子"的意思。在生成每个图片时，算法会自动给图片分配一个 Seed 值，采用相同 Seed 值将生成类似的图片。为了保证主角形象的固定，只要绘本插画上有主角小猫，那就需要加上 Seed 参数。那如何获取每张图片的 Seed 值呢？

（1）单击确定的角色图右上方的 图标，如图 3-22 所示。

图 3-22

（2）在弹出的对话框中输入"en"，然后在下方单击 图标，如图 3-23 所示，这样 Midjourney 就会给你发送一条私信。

图 3-23

（3）单击左上角的"私信"图标 ，就可以看到这张图片的 Seed 值为 4161058243，如图 3-24 所示。

图 3-24

2. 生成章节 2 的插图

对于章节 2 的插图，我们先让 ChatGPT 生成提示词，如图 3-25 和图 3-26 所示。

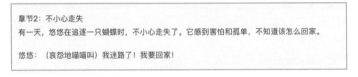

图 3-25

图 3-26

然后，根据章节 2 的故事描述我们优化得到以下提示词，将其粘贴到 Midjourney 中生成插画。

　　a little black cat is crying, a butterfly, crying, confused, scared, hayao miyazaki style, children's picture book style, outdoor, beautiful sunlight, beautiful perspective, medium shot, high definition, very detailed --seed 4161058243 --ar 16:9

翻译：一只小黑猫在哭泣，一只蝴蝶，哭泣，迷茫，害怕，宫崎骏风格，儿

童绘本风格，室外，漂亮太阳光，美丽的视角，中景图，高清晰度，非常细节，
--Seed 值 4161058243 --图片比例 16：9

可以看到，在提示词最后加上了主角图片的 Seed 值 4161058243。对比章节 1
的提示词可以发现，我们只调整了画面主体和画面细节，而后面的风格提示词、
画质提示词都是固定不变的，这是为了保证画面风格统一。

最后生成的章节 2 插图如图 3-27 所示。

图 3-27

3.3.2.4　在 Photoshop 中进行优化和排版

接下来在 Photoshop 中给插图加上文字，并进行设计排版。因为绘本的读者对
象为 3 ~ 6 岁的儿童，所以，对于画面中的文字，可以选择可爱的字体。

图 3-28 为章节 1 的最终效果图，图 3-29 为章节 2 的最终效果图。

图 3-28

图 3-29

3.3.3　【提示词模板】AI 绘本主角

主角* + 角色设计 + 主角形象* + 参考风格* + 各种姿势和动作 + 游戏角色表

主要提示词的英文　角色设计（Character Design）、各种姿势和动作（Various Poses And Expressions）、游戏角色表（Game Assets Table）

3.3.4　在 AI 绘本插画中固定主角形象和画面风格的方法

（1）在画面提示词中，加入主角形象图片的 Seed 值。

（2）在画面提示词中，固定风格提示词和画质提示词，并采用统一的提示词结构。如本案例中提示词结构为：主体* + 主体细节* + 风格 + 自然光 + 视角 + 构图* + 画质。

（3）若多次刷图仍达得不到想要的效果，则可以通过 Photoshop 对图片进行处理，以接近想要的效果。

第 4 章

AI 在平面设计中的应用

在平面设计中，AI 绘画工具能帮助设计师更好地完成各种任务，提高工作效率。

4.1　AI Logo 设计

在设计 Logo 时，AI 能给我们提供灵感和设计思路。以前设计师需要两三天才能给甲方提供 1 张样图，有了 AI 的辅助，设计师甚至可以一天提供 10 张样图。

4.1.1　深入了解 Logo 设计

4.1.1.1　Logo 的类型及特点

Logo 可分为以下几种类型。

（1）文字风格。

设计特点：以客户公司名字为 Logo 的设计原型，通过对字体的设计满足客户的诉求，如图 4-1 所示。

（2）字母风格。

设计特点：对客户公司名字中的字母进行处理，通常对首字母（或缩写字母）进行设计，如图 4-2 所示。

图 4-1　　　　　　　　　　图 4-2

（3）象征图形风格。

设计特点：对公司名字进行图形设计，这种 Logo 非常具有亲和力，如图 4-3 所示。

（4）徽章风格。

设计特点：多为组织、机构等的 Logo 设计，一般将象征图形、字体等结合起来构成徽章，图 4-4 所示。

图 4-3　　　　　　　　　　图 4-4

（5）抽象符号风格。

设计特点：将抽象的符号、几何图形等组合起来构成 Logo。通常该类 Logo 给人比较理性和严谨的感觉，如图 4-5 所示。

图 4-5

（6）数字符号风格。

设计特点：通过数字设计 Logo。通常该类 Logo 比较简单、直接，如图 4-6 所示。

图 4-6

（7）插画风格。

设计特点：运用不同形式的插画来表现 Logo。一般画面颜色较丰富，图形漂亮。这类 Logo 常应用于儿童、游戏、游乐场、食品、餐饮等领域，如图 4-7 所示。

图 4-7

4.1.1.2 优秀 Logo 的必备要素

（1）符合国际标准与市场特征：一个好的 Logo 其寿命应该是几年，甚至几十年。它要经得住时代的检验和岁月的沉淀。

（2）独一无二：优秀的 Logo 一定是精美的、独特的，能让人眼前一亮、记忆深刻。

（3）企业名片：好的 Logo 要能够体现一个企业的类型、内容和风格。

（4）易于识别和传播：让人过目不忘的 Logo 具有很强的识别性、传播性，能让老顾客一眼就识别出它，让新顾客一下子就有兴趣关注它。

图 4-8 为 AI 生成的椰子水果 Logo。

图 4-8

4.1.2 案例实战：宠物超市 Logo

本案例将设计一个宠物超市 Logo。

4.1.2.1　整理提示词

先来看在设计初期 AI 是如何为我们提供思路和灵感的。

向 ChatGPT 提问，让它提供项目的设计建议和思路，如图 4-9 所示。ChatGPT 的回答还是挺不错的。还可以让它提供一些优秀的 Logo 参考网址。

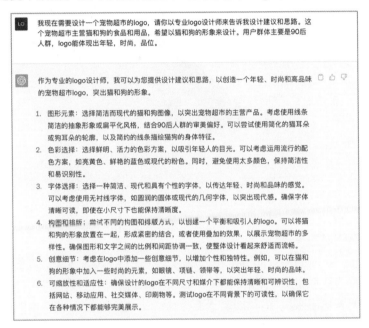

图 4-9

接下来我们整理自己的思路。

【画面主体】狗的形象 Logo

【画面细节】全身图，黄色与黑色双色调，白色背景

【参考方向】扁平化，极简

【后缀参数】无写实的照片细节

4.1.2.2　AI 炼图

整合 ChatGPT 给的建议和自己的思路，最终确定提示词（如下所示），将其粘贴到 Midjourney 中生成图片。

vector graphic logo of dog, full body, simple and minimal, flat graphics, yellow and black duotone, white background --no realistic photo details

翻译：狗的矢量图形标志，全身，简单和极简，扁平化图形，黄色与黑色双

色调，白色背景 –无写实的照片细节

　　记得在提示词后加上后缀参数--no photorealistic details，表示不要写实的照片细节，避免 AI 产生类似图片效果的 Logo。

　　经过几次刷新生成图片，最终选择了一张较为满意的图片，如图 4-10 所示。

图 4-10

　　选择这张图片的原因是，画面中黄色区域像人吃西餐时脖子上佩戴的餐巾。这既体现了"主营产品是狗粮"的主题，又传达了高端感和时尚感。

4.1.2.3　生成矢量格式图形

　　Midjourney 生成的图片为 png 格式的位图。而在 Logo 设计的商业应用中，我们交付给甲方的往往是矢量格式图形。AI 能帮助我们"将大脑里所想象的 Logo 画面变为位图呈现出来"。那我们能不能将这种位图转换为矢量图格的图片呢？答案是肯定的。

　　提示　推荐一个将位图转换为矢量图的 AI 工具——Vectorizer。

　　打开该工具的在线操作界面，单击左下方的按钮上传图片，如图 4-11 所示。

图 4-11

上传之后稍等片刻，就生成了一张可以无限放大的矢量图，单击左下角的"下载"图标，将它下载为 SVG 格式。将图标拖入矢量软件 Adobe Illustrator 中重新编辑路径。操作前后的对比如图 4-12 所示（左图为原图，右图为生成的矢量图）。

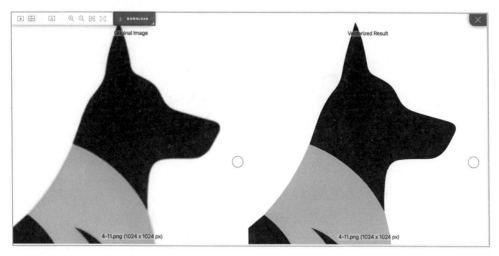

图 4-12

4.1.3 Logo 设计的提示词模板

4.1.3.1 【提示词模板】AI 图形 Logo

主体*的矢量图形+ 画面细节* + 简单和极简 + 无写实的照片细节

主要提示词的英文 主体*的矢量图形（Vector Graphic Logo of 主体）、简单和极简（Simple And Minimal）、无写实的照片细节（No Realistic Photo Details）

示例：

vector graphic logo of cat, head close-up, simple and minimal, flat graphics, yellow and blue duotone, white background --no realistic photo details

翻译：猫矢量图形标志，头部特写，简单和极简，扁平化图形，黄色和蓝色双色调，白色背景，无写实的照片细节

AI 生成的 Logo 如图 4-13 所示。

图 4-13

4.1.3.2 【提示词模板】AI 插画 Logo

插画标志 ＋ 为主体*设计标志+ 画面细节* ＋ 参考大师风格*

主要提示词的英文　插画标志（Illustration Logo）、为主体*设计标志（Design A Logo For 主体）

示例：

illustration logo, logo design for a rose flower, red and green duotone, contour lines, paul rand style, white background

翻译：插画标志，为玫瑰花设计标志，红色与绿色双色调，等交线，保罗兰德风格，白色背景

AI 生成的 Logo 如图 4-14 所示。

图 4-14

4.1.3.3　【提示词模板】AI 抽象 Logo

平面几何矢量图形抽象标志 + 画面细节* + 简单和极简 + 参考大师风格*

主要提示词的英文　平面几何矢量图形抽象标志（Flat Geometric Vector Graphic Abstract Logo）、简单和极简（Simple And Minimal）

示例：

flat geometric vector graphic abstract logo, gradient color, simple and minimal, white background, by ivan chermayeff

翻译：平面几何矢量图形抽象标志，渐变色，简单和极简，白色背景，伊万·切尔马耶夫风格

AI 生成的 Logo 如图 4-15 所示。

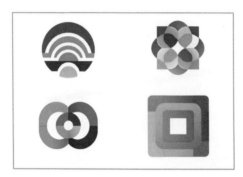

图 4-15

4.1.3.4　【提示词模板】AI 徽章 Logo

徽章标志 + 为主体*设计的徽章+ 画面细节* + 简单和极简 + 无写实的照片细节

主要提示词的英文　徽章标志（Emblem Logo）、为主体*设计的徽章（Badge Design For 主体）、简单和极简（Simple And Minimal）、无写实的照片细节（No Realistic Photo Details）

示例：

emblem logo, badge design for college dance team, multicolored, simple and minimal, white background --no realistic photo details

翻译：徽章标志，为大学舞蹈队设计徽章，多色的，简单和极简，白色背景，无写实的照片细节

AI 生成的 Logo 如图 4-16 所示。

图 4-16

4.1.3.5 【提示词模板】AI 字母 Logo

字母*标志 + 画面细节* + 简单和极简 + 参考大师风格* + 无写实的照片细节

主要提示词的英文 字母*标志（Letter 字母* Logo）、简单和极简（Simple And Minimal）、无写实的照片细节（No Realistic Photo Details）

示例：

letter k logo, gradient color, simple and minimal, design by steff geissbuhler，white background --no realistic photo details

翻译：字母 K 的标志，渐变色，简单和极简，由斯蒂夫·盖斯布勒设计，白色背景，无写实的照片细节

AI 生成的 Logo 如图 4-17 所示。

图 4-17

4.1.3.6　【核心提示词】AI Logo 设计

除以上标志类型外，还有文字标志和数字标志。但对于这两类标志，现在 AI 处理的效果都不是很理想。所以，对于这两类标志，还是老老实实在矢量绘图软件里去设计吧。

下面总结一下，在 AI 中做 Logo 设计时常用的核心提示词：

Logo（标志），Simple And Minimal（简单和极简），No Realistic Photo Details（无写实的照片细节），Vector（矢量），Gradient Color（渐变色），Multicolored（多色的），Flat（扁平），Contour Line（轮廓线），White Background（白色背景）

4.2　AI 海报设计

传统的设计师设计一张海报，要么手绘背景，要么在素材网上找可商用的素材进行合成。这两种方式都需要花费大量的时间。熟练掌握 AI 工具的设计师，只需要花费几分钟就可完成这样的工作。接下来我们看看，在海报设计方面，AI 是如何发挥其强大功能的。

4.2.1　深入了解海报设计

4.2.1.1　海报设计类型

表 4-1 中列出了常见类型的海报。

表 4-1

中　文	英　文	中　文	英　文
电影海报	Movie Poster	美食海报	Food Poster
音乐海报	Music Poster	商业海报	Business Poster
漫画海报	Comics Poster	产品海报	Product Poster
广告海报	Advertising Poster	活动海报	Event Poster
教育海报	Educational Poster	电影海报	Movie Poster
公益海报	Public Service Poster	产品海报	Product Poster
旅游海报	Travel Poster	慈善海报	Charity Poster
运动海报	Sports Poster	政治海报	Political Poster
艺术海报	Art Poster	立体海报	3D Poster
科技海报	Technology Poster	-	-

4.2.1.2　海报的设计风格特征

（1）极简风格（Minimalist Style）。

设计特点：采用简单的线条和形状，在画面中进行排版和创造空间感，以突显主题和信息。

（2）插画风格（Illustration Style）。

设计特点：使用不同风格的插画或手绘图来制作海报。

（3）平面设计风格（Graphic Design Style）。

设计特点：使用简单的几种形状和大胆的撞色，以突显设计的平面感。

（4）摄影风格（Photography Style）。

设计特点：使用高清晰度的摄影图片，配以相应的文案传达信息和主题。

（5）剪纸风格（Cutout Style）。

设计特点：使用阴影和渐变色营制造出立体感，以中国传统的剪纸艺术和窗花图形来增加视觉冲击力。这是近期市场上比较流行的一种风格设。

（6）卡通漫画风格（Cartoon Comic Style）。

设计特点：使用卡通或漫画人物来作为海报的主体。

这些风格我们可以单独使用，也可以混合使用。

AI 生成的海报如图 4-18 所示。

图 4-18

4.2.2　案例实战：母亲节主题剪纸风海报

案例需求：设计一幅以母亲节为主题的海报，要求画面温馨有爱，颜色温暖，设计风格独特。

得到甲方需求后，我们开始构思画面。甲方要求设计风格独特，那我们采用剪纸风格。

4.2.2.1　寻找优秀的参考图片

优秀的参考图片可以让 AI 了解生成的图片大致是什么效果。在实际工作中，一般由甲方提供参考图片，如果甲方没有提供，那我们直接去优秀的设计网站上寻找。

在找到参考图片后，将参考图片拖入 Midjourney 中"以图生文"倒推出提示词。有一点要明确：参考图片一定是一张剪纸风格的海报，但不一定是以母亲节为主题的海报。

4.2.2.2　整理提示词

这里我们分为自己整理、ChatGPT 助写、利用参考图片反推，再将收集到的提示词进行优化。

1. 自己整理

【画面主体】妈妈拥抱婴儿

【画面细节】妈妈微笑的表情，画面温馨有爱，粉色和紫色系

【参考风格】剪纸风

【灯光】工作室照明，真实光线（也可以不加，让 AI 自己生成）

【构图】居中，人物角度侧面

【画质】矢量，高品质细节、最佳质量

2. ChatGPT 助写

如图 4-19 所示，ChatpGPT 给了一些提示词，比如爱、手工艺品、家庭，我们可以将其添加在【画面细节】里。

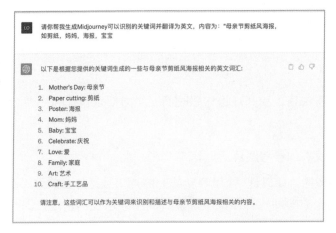

图 4-19

3. 利用参考图片反推

利用 Midjourney 中的 Describe 指令插入参考图片，反推得到四组提示词，如图 4-20 所示。

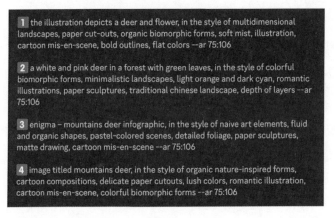

图 4-20

我们选择其中一组最满意的提示词。

the illustration depicts a deer and flower, in the style of multidimensional landscapes, paper cut-outs, organic biomorphic forms, soft mist, illustration, cartoon mis-en-scene, bold outlines, flat colors

翻译：插图描绘了一只鹿和一朵花，采用多维风景，剪纸，有机生物形态，柔和的雾气，插图，卡通场景，粗体轮廓，平面颜色

4.2.2.3 AI 炼图

整理以上得到的提示词，最终我们得到以下提示词。

mother and child as theme of paper cut illustration, mother holding baby, warm and happy, pink color, multidimensional paper cut out of 3d blender, cutout style, soft fog, illustration, cartoon scene, bold outline, flat color, 8k --ar 3:4

翻译：以母子作为剪纸插图的主题，母亲抱着婴儿，温暖和快乐，粉红色，3D Blender 渲染的多维剪纸，剪纸风格，柔和的雾气，插图，卡通场景，粗体轮廓，扁平颜色，8K --图片比例 3：4

将这些提示词粘贴到 Midjourney 中，生成的第一组图片如图 4-21 所示。

图 4-21

可以看到，颜色饱和度有点过高，不符合预期。如果初步尝试效果不是很好，则可以换个机器人来尝试。我们换 Nilijourney 5 来尝试，结果如图 4-22 所示。

图 4-22

对比这两组生成的图发现：Nilijourney 5 生成的图更柔和，画面颜色更浅，画面更柔和，更满足甲方所要求的"温馨有爱，颜色温暖"需求。

接下来微调提示词，最终的提示词如下。

paper cut illustration with the theme of mother and child, mother, baby, warmth and happiness, multidimensional paper cut out of 3d blender, pink purple, studio lighting, centered, side face, multi-dimensional landscape style, paper cut, organic biological form, soft fog, vector illustration, cartoon scene, bold outline, best quality, high quality details, 8k –ar 3:4

翻译：以母子为主题的剪纸插画，妈妈，宝宝，温暖幸福，3D Blender 渲染的多维剪纸，粉紫色，工作室照明，居中，侧脸，多维山水风格，剪纸，有机生物形态，柔和的雾气，矢量插画，卡通场景，粗体轮廓，最佳质量，高品质细节，8K --图片比例 3：4

不断"刷"图，选出两张最满意的图片，如图 4-23、图 4-24 所示。

图 4-23 图 4-24

最后，将两张图拖入 Photoshop 中进行细节修改，再进行文字排版设计，最终输出两套方案。

4.2.3 【提示词模板】AI 剪纸风海报

主体* + 画面细节* + 3D Blender 渲染的多维剪纸+ 剪纸风格 + 卡通场景 + 矢量 + 工作室照明 + 画质* + 图片比例* + Niji 5 + Style Expressive

主要提示词的英文 剪纸风格（Cutout Style）、卡通场景（Cartoon Scene）、矢量（Vector）、工作室照明（Studio Lighting）

通过本案例，相信你对该如何利用 AI 绘画工具制作海报已经有了思路。对于其他风格的海报，设计方法其实都是类似的。只有经过大量实践，你才能真正"驯服"AI 绘画工具。

第 5 章

AI 在电商设计中的应用

在之前的工作中，如果我们需要一张产品场景图，那一般是先请专业的摄影师和专业的模特进行拍摄，之后请专业的设计师来进行合成。整个过程需要大量的时间、金钱和人力成本。

通过 AI 绘画工具，我们不仅可以很快生成高质量的产品场景图，而且可以大大节省企业的成本。

5.1　AI 电商产品详情页设计

当我们通过电商平台购买产品时，产品详情页对我们的决策有重要的作用。

5.1.1　深入了解电商设计

5.1.1.1　电商设计的风格特征

（1）时尚风：画面中有大字体的广告语，有美丽的模特人物。画面效果与潮流杂志封面效果相似。

（2）复古风：画面中包含传统元素和复古图案，如水墨书法、剪纸元素等。

（3）清新风：画面配色呈现出清爽、透亮、唯美的感觉。画面效果类似常见的韩式小清新效果。

（4）炫酷风：通常采用深色背景，加上有质感的元素和光影特效。

（5）简约风：大空间，没有任何过多的装饰元素，整体感觉非常透气。

图 5-1 为 AI 生成的复古风电商背景图，图片的左上方可以排版文案。

图 5-1

5.1.1.2　产品详情页的布局

一般来说，产品详情页分为以下几个部分。

（1）产品头图。详情页顶部位置是产品海报图，也称为产品头图。产品头图包括产品场景图和产品外形图。海报场景图应该选择能展示品牌调性和产品特色的意境图，再配上吸睛的文案，这样可以第一时间吸引买家的注意。

（2）产品卖点图。这里介绍产品特性、卖点、作用、能带给消费者什么样的价值和好处。

（3）产品规格图。这里介绍产品的尺寸设计，应该让消费者切身体验到产品的实际尺寸，以免收到货时低于心理预期。

（4）同类产品对比图。与同类产品对比，通过对比强化自身产品的卖点和优势。

（5）产品细节图。展示产品各细节的大图，让消费者对产品外形、材质等有更加直观的感受。

（6）产品包装、店铺/产品资质证书、品牌店面/生产车间展示。

（7）售后保障问题/物流信息图。

以上 7 个部分就是产品详情页的完整布局。那 AI 的帮助体现在哪里呢？

在第（1）部分的设计中，可以通过 AI 生成产品场景图，再将其导入 Photoshop 中与产品外形图进行合成并添加广告语。下面的实例就介绍这部分的制作过程。

5.1.2 案例实战：护肤品中国风详情页产品头图设计

案例需求：设计某品牌精华水的产品详情页产品头图。要求画面大气，中国风。

5.1.2.1 用 AI 生成产品外形图——护肤精华水

你没有看错，Midjourney 还可以用于生成产品的外形图。下面将生成精华水的产品外形图。

在 Midjourney 对话框中输入我们整理好的一段产品提示词。

essence water, in the style of provia film, white background, yellow and light blue, reflection mapping, realistic still life photography, smooth lines, front view, panorama, high quality image, clear picture quality , many details --ar 3:4

翻译：精华水，采用 Provia 电影的风格，白色背景，金色和浅蓝色，反射映射，逼真的静物摄影，流畅的线条，正视图，全景，高质量图，画质清晰，多细节，图片比例 3∶4

产品外形图选择正视、全景和白色背景，主要是为了方便后期抠图。经过几次刷新，最终得到的产品外形图如图 5-2 所示。你也可以通过用参考图片"垫图"的方式来得到你想要的产品外形图。

图 5-2

产品外形图有了，接下来生成产品场景图。之后，将产品外形图和产品场景图合并，才是一个完整的产品头图。

5.1.2.2　用 AI 生成产品场景图

在用 AI 生成产品场景图之前，我们需要收集参考图片来作为垫图图片。

这里垫图图片是一张中国风效果图。AI 最终呈现出的效果要表现出精华水品牌的调性和意境。

提示词的整理分为：自己整理、ChatGPT 助写、利用参考图片反推。

1. 自己整理

【画面主体】护肤品背景

【画面细节】产品在一个有荷花和荷叶的水面

【参考风格】中国风，东方山水画，新中式风格

【灯光】摄影棚照明

【画质】高品质图，高清质量，多细节

2. ChatGPT 助写

ChatGPT 助写的提问方式与之前一致，我们得到荷塘（Lotus pond）、唯美的（beautiful）、水面（water surface）这几个关键词。

3. 利用参考图片反推

通过 Midjourney 里的 Describe 指令，我们反推出四组提示词，如图 5-3 所示。

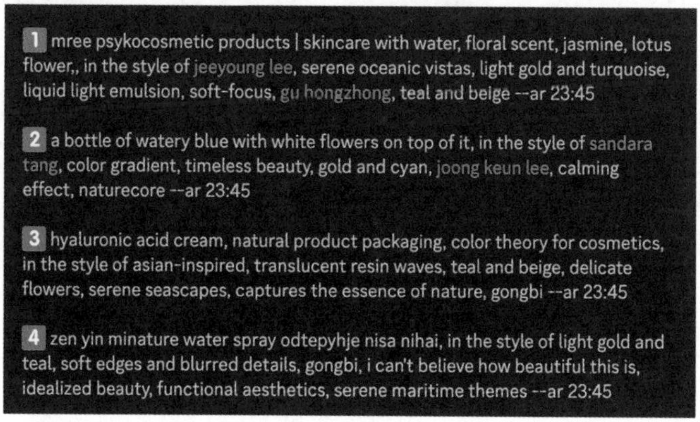

1 mree psykocosmetic products | skincare with water, floral scent, jasmine, lotus flower,, in the style of jeeyoung lee, serene oceanic vistas, light gold and turquoise, liquid light emulsion, soft-focus, gu hongzhong, teal and beige --ar 23:45

2 a bottle of watery blue with white flowers on top of it, in the style of sandara tang, color gradient, timeless beauty, gold and cyan, joong keun lee, calming effect, naturecore --ar 23:45

3 hyaluronic acid cream, natural product packaging, color theory for cosmetics, in the style of asian-inspired, translucent resin waves, teal and beige, delicate flowers, serene seascapes, captures the essence of nature, gongbi --ar 23:45

4 zen yin minature water spray odtepyhje nisa nihai, in the style of light gold and teal, soft edges and blurred details, gongbi, i can't believe how beautiful this is, idealized beauty, functional aesthetics, serene maritime themes --ar 23:45

图 5-3

提示　若垫图图片中有文字，则需要先将其导入 Photoshop 中处理掉文字，避免生成的背景图中有文字。

测试效果后，第 1 组提示词能生成让人较满意的图片。

整理以上三步得到的提示词，确定如下：

> skin care product background with marble table top in water, lotus flower, lotus leaves, serene ocean view, light gold and turquoise color, liquid light lotion, soft focus, close shot, photo studio light, beautiful Chinese painting, oriental landscape painting, new Chinese style, high-quality image, high-definition picture quality, rich details --ar 3:4

翻译：水中有大理石台面的护肤品背景，荷花，荷叶，宁静的海洋景观，浅金色和绿松石色，液体轻质乳液，柔焦，近景，影楼光，唯美的中国画，东方山水画，新中式风格，高品质图像，高清画质，细节丰富 --图片比例 3∶4

5.1.2.3　用 Photoshop 合成、排版

AI 生成的图片如图 5-4 所示，其中的产品并不是精华水。需要将这张图片和精华水图片拖入 Photoshop 中进行处理，并加入简短的广告语，最终的产品头图如图 5-5 所示。

图 5-4　　　　　　　　　　　　图 5-5

我们再从上述提示词所生成的图片中选择一张（如图 5-6 所示），来设计详情页中的产品卖点图。

将这张图片导入 Photoshop 中进行处理，并进行文字排版，最终的产品卖点图如图 5-7 所示。

图 5-6　　　　　　　　　　　　　　　图 5-7

5.1.3　【提示词模板】AI 中国风产品详情页

垫图链接地址* + 产品名称* + 产品描述* + 构图* + 视角镜头* + 光线* + 东方山水画 + 新中式风格+ 画质* + 图片比例 3 : 4

主要提示词的英文　东方山水画（Riental Landscape Painting）、新中式风格（New Chinese Style）

5.2　AI Banner 设计

在 Banner（横幅）设计中，对于 3D 效果的背景图，设计师往往需要花费大量的时间去构图、建模和渲染。下面介绍如何通过 AI 绘画工具快速生成一张"类似于用 C4D 绘制的 Banner"。

5.2.1　深入了解 Banner 设计

5.2.1.1　Banner 的常见版式

Banner 的常见版式如下。

（1）两栏式：最常见的 Banner 版式，将画面分为两个部分，左边放文字，右边放图片；或者左边放图片，右边放文字。

（2）三栏式：中间放文字，两边放图片，让中间的文字成为焦点。

（3）上下式：上方放文字，下方放图片。

（4）纯文字 + 背景：画面中只有一个较为纯净的背景，没有图片，中间配上醒目的大标题文字。

AI 生成的 Banner 如图 5-8 所示。

图 5-8

5.2.1.2　Banner 设计技巧

设计 Banner 时需要考虑以下几点。

（1）简洁明了：需要简洁地表达主题和宣传内容，避免在画面中放置过多的文字和元素以影响信息传递效果。

（2）优秀的配色：色彩是 Banner 中非常重要的元素，可以引导受众的情绪和关注点。选择恰当的颜色组合，可以增强视觉吸引力和品牌识别度。

（3）字体的选择和排版：选择易读且与品牌风格一致的字体。文字的排版要求是：重点突出，大小粗细错落有致，字体保持在两种左右。加入一些跟内容有联系的元素或者图形，可以更好地表达整个设计的情绪。

（4）强烈的视觉吸引力：使用高质量的图像、引人注目的颜色、简洁好记的广告语和吸引人的排版风格，以强烈的视觉吸引消费者。

5.2.2　案例实战：家电产品宣传 Banner 设计

案例需求：某家电品牌空气炸锅 Banner 设计，画面有用 C4D 设计的效果，高端大气。

5.2.2.1　用 AI 生成产品图——空气炸锅

下面通过一段提示词加上"垫图"的方式生成空气炸锅产品图。

先将参考图片拖入 Midjouney 对话框中，复制参考图片的链接，再加上我们整理好的以下提示词。

air fryer, light green, white background, smooth lines, side view, panorama, product view, studio light, realistic still life photography, product photography, best quality, high quality details

翻译：空气炸锅，浅绿色，白色背景，流畅的线条，侧视图，全景，产品视图，影棚光，逼真的静物摄影，产品摄影，最佳质量，高品质细节

多刷新几次，从生成的图片中选择一张满意的产品图，如图 5-9 所示。

图 5-9

5.2.2.2　寻找优秀的参考图片

在电商设计中，除从优秀网站寻找参考图片外，还可以去知名品牌的线上店铺寻找灵感。这一步主要是确定画面元素、配色方案、光线环境，以及图中文案的排版方式。

5.2.2.3　整理提示词

我们采用自己整理和利用参考图片反推两种方式，利用这两种方式可以得到比较好的提示词。

1. 自己整理

【画面主体】空气炸锅产品展示

【画面细节】桌上有好吃的食物，水果，花瓶中插有鲜花，中性柔和色彩，浅粉色和浅绿色双色调

【参考风格】3D 风格，C4D，OC 渲染

【灯光】晨光

【画质】高品质图，高清质量，多细节

2. 利用参考图片反推

在 Midjourney 中反推得到的四组提示词中，我们选择其中效果较好的一组提示词。

a table with food on it with air fryer sitting around, in the style of light beige and teal, digital as manual, vibrant, lively, exacting precision, fine feather details, back button focus, crisp outlines

5.2.2.4　AI 炼图

通过整理完善，我们最终得到的提示词如下。

air fryer product display, food on table, fried chicken, egg tart, fruit, flowers in vase, neutral pastel colors, light pink and light green duotone, vibrant, lively, morning light, white space on top, 3D style, C4D, OC rendering, clear outline, high-quality graphics, high-definition quality, many details --ar 16:9

翻译：空气炸锅产品展示，桌子上放着食物，炸鸡，蛋挞，水果，花瓶中插有鲜花，中性柔和色彩，浅粉色和浅绿色双色调，充满活力，活泼，晨光，顶部多留白，3D 风格，C4D，OC 渲染，清晰的轮廓，高品质图，高清质量，多细节 --图片比例 16：9

在上述提示词中有两个需要注意的地方：

（1）Banner 选择上下版式，上方排版广告语，提示词中可以加一句"顶部多留白"。

（2）这是横幅广告，我们将生成图片的比例设置为 16：9。将参考图片拖入 Midjourney 对话框中垫图，再加上这段提示词。

AI 生成的图片如图 5-10 所示。

图 5-10

在图 5-10 中，顶部没有留白，没有排版文字的区域。

我们可以将提示词"white space on top"（顶部多留白）往前移，以加大其权重。刷新后得到的图片如图 5-11 所示。

图 5-11

接下来将这张图片和空气炸锅产品图（图 5-9）拖入 Photoshop 中进行图片处理和文字排版。

在 Photoshop 中，先将图片画布向上扩展 200 像素，再将上方的白色区域框选后执行"内容识别填充"，这样多出来的区域就可以排版文字了。用空气炸锅产品图（图 5-9）替换掉图 5-11 中的空气炸锅产品图。这时考验的是 Photoshop 修图功力了。

最终效果如图 5-12 所示。

图 5-12

图 5-12 为上下版式，下面我们让 AI 生成一张左右版式的背景图。

自己整理提示词如下：

【画面主体】极简产品展示

【画面细节】几何圆形展台上有个空气炸锅，背景有长虹玻璃，磨砂玻璃，一侧多留白，中性柔和色彩背景，浅绿色调

【参考风格】现代极简风，3D 风格，C4D，OC 渲染

【灯光构图】强烈的光，特写

【画质】高品质图，高清质量，多细节

选择另一张优秀的参考图片，在 Midjourney 里反推得到下面的提示词：

an electronic device in a room that was on display, in the style of light emerald and light azure, photorealistic renderings, whimsical ceramics, 32k uhd, precise linework, calm and serene beauty, kodak colorplus --ar 16:9

翻译：房间里展示的电子设备，浅翠绿和浅蔚蓝的风格，逼真的渲染，异想天开的陶瓷，32K 超高清，精确的线条，平静安详的美感，柯达 colorplus --图片比例 16：9

将上面两项提示词整合，得到左右版式 Banner 的最终提示词。

minimalist product display with an air fryer on a geometric round stand with iridescent glass on a background, frosted glass, more white space on one side, neutral pastel color background, light emerald green and light azure blue tones, intense light, close-up, modern minimalist style, 3D style, C4D, OC rendering, realistic rendering, precise lines, calm and serene beauty, 32k ultra-high definition, high-quality graphics, high-definition quality, many details --ar 16:9

翻译：极简的产品展示，几何圆形展台上有个空气炸锅，背景有长虹玻璃，磨砂玻璃，一侧多留白，中性柔和色彩背景，浅翠绿和浅蔚蓝色调，强烈的光，特写，现代极简风，3D 风格，C4D，OC 渲染，逼真的渲染，精确的线条，平静安详的美感，32K 超高清，高品质图，高清质量，多细节 --图片比例 16：9

生成的图片如图 5-13 所示。

图 5-13

如果想让背景图片与参考图片更接近一些，则可在提示词后加上后缀参数 "--iw 2"，这样 AI 生成的图片会更接近参考图片，如图 5-14 所示。

图 5-14

下面将这张图片与空气炸锅产品图（图 5-9）导入 Photoshop 中进行图片处理与文字排版，最终效果如图 5-15 所示。

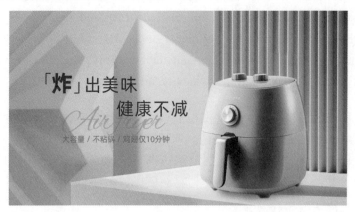

图 5-15

我们发现，第二版 Banner 不仅对图中产品进行了处理，还进行了背景调色处理。在 Photoshop 中，我们使用了色彩平衡、曲线、色相/饱和度和亮度/对比度命令进行背景调色（这些是图像合成中经常会用到的命令）。

这两张空气炸锅 3D Banner 设计，从前期的提示词整理到最终 AI 生成效果图，共用了约半个小时。对于普通电商设计师而言，如果使用 C4D 或其他 3D 建模软件，则难度较大，又费时费力。

5.2.3 【提示词模板】AI 3D Banner

垫图链接地址* + 产品描述* + 构图* + 视角镜头* + 光线* + 3D 风格 + C4D + OC 渲染 + 画质* + 图片比例 16∶9

主要提示词的英文 3D 风格（3D Style）、OC 渲染（OC Rendering）

第 6 章

AI 在 UI 设计中的应用

利用 AI 绘画工具可以生成各种风格和用途的图标、UI 引导页、UI 界面视觉图和网页设计界面图。未来的 UI 设计师一定是精通 AI 设计的。

6.1 UI 图标设计

普通的 UI 设计师一般不会使用 C4D 等建模软件，所以无法实现 3D 效果的 UI 图标。有些 UI 设计师不会手绘，也无法绘制出精美独特的图标。在 UI 图标设计中应用 AI 绘画工具，能够大大提高设计效率和图标的质量，同时也能为设计师带来更多的灵感和可能性。

6.1.1 深入了解 UI 图标设计

6.1.1.1 UI 图标的常见风格

UI 图标的常见风格如下。

（1）扁平风格：一种简化的风格，具有简单的几何形状、清晰的线条，以及鲜明的颜色。这种风格去掉了阴影和立体感，图标变得简单、明亮、干净。

（2）立体风格：图标更具立体感和真实感。立体风格的图标通常使用深浅不同的颜色和透视效果。

（3）材质风格：结合了扁平风格和现实世界的材质和阴影效果。这种风格强调材质的质感，图标看起来更具有真实感和质感，也可以称之为拟物化图标。

（4）线性风格：使用简洁的线条和轮廓来表达图标。它通常使用单色或少量色彩，并且没有渐变效果，给人以极简感和现代感。

（5）手绘风格：这种图标通常由不规则的线条和具有艺术性的细节元素组成，它们更具生动性和艺术性，给人一种个性和有趣的感觉。

AI 生成的扁平风格图标如图 6-1 所示。

图 6-1

6.1.1.2 UI 图标的设计技巧

以下是 UI 图标的一些设计技巧。

（1）简单直接：要尽可能简洁明了，能够清晰地传达图标所代表的含义和内容，以便用户快速理解和识别。

（2）统一性：使用相似的线条样式、形状风格和颜色方案，以确保图标在视觉上统一。

（3）外观清晰：确保图标在各种尺寸下和在各种屏幕上都能清晰可见，避免使用过细的线条和过小的细节元素。

（4）合适的色彩：使用合适的色彩可以增强图标的视觉吸引力，选择的色彩要能体现出品牌调性和内容属性。

（5）测试反馈：图标在设计完成后需要进行测试，以确保图标在实际使用中能够传达正确的含义，也需要根据用户反馈进行调整和改进。

在 UI 图标设计过程中要始终以用户为中心，以用户反馈为主导，并根据实际需求进行调整和优化。

6.1.2　案例实战：给视频直播间生成一组 3D 写实且可爱的图标

案例需求：给视频直播间生成一组常见的图标，采用 3D 写实且可爱风格。

6.1.2.1　寻找优秀的参考图片

我们可以看看 Dribbble、Behance、Iconfinder、Flaticon 等网站。这些网站提供了大量的优秀 UI 图标，可以帮助你获得灵感，以及找到适合自己项目的高质量 UI 图标。

我们还可以在一些 App 中收集已落地应用的图标。在用 AI 生成图片时，用这些图标作为参考图片"垫图"，让 AI 快速找准生成图片的方向和风格。

6.1.2.2　整理提示词

视频直播间中常见的图标有点赞、棒棒糖、鲜花、跑车、眼镜、礼花等。我们以这 6 个图标为例，讲解图标的制作思路。

首先自己整理提示词：

【画面主体】一个桃心图标

【画面细节】红色和紫色，发光效果，细节丰富，圆润，可爱，暗色背景，亚光，时尚，逼真

【参考风格】3D 卡通，C4D，黏土，游戏道具，Dribbble 和 Behance 趋势，Pinterest 流行，Blender，霓虹灯

【视角构图】等距

【灯光】工作室照明

【画质】OC 渲染，HD，8K

6.1.2.3　AI 炼图

将整理好的提示词翻译成英文，将参考图片拖入 Midjourney 中让 AI 找准生成图片的方向和风格。最终调整后的提示词如下：

a heart icon, red and purple, glowing effect, rich details, round, cute, dark background, matte, stylish, realistic, 3d cartoon, c4d, clay, game props, trending on dribbble and behance, popular on pinterest, blender, neon light, oc rendering, isometric, studio lighting, hd, 8k --ar 1:1 --niji 5

翻译：桃心图标，红色和紫色，发光效果，细节丰富，圆形，可爱，暗色背景，亚光，时尚，逼真，3D 卡通，C4D，黏土，游戏道具，Dribbble 和 Behance

趋势，Pinterest 流行，Blender，霓虹灯，OC 渲染，等距，工作室照明，HD，8K --
图片比例 1：1 --Niji 5

AI 生成的一组图标如图 6-2 所示。

图 6-2

在设计后面 5 个图标时，只需要更改画面主体和画面细节的提示词，固定风
格提示词和画质提示词不变，并在提示词后面加上之前生成的这张图片的 Seed 值，
以保证所有图标外形统一。

打开 Nijijourney 发送的邮件，得到之前这组图标的 Seed 值，如图 6-3 所示。

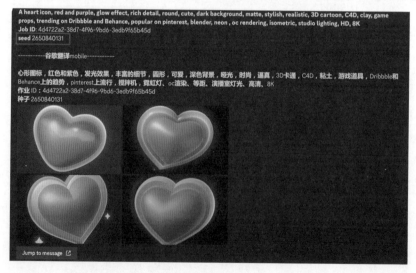

图 6-3

下面依次将其余 5 个图标生成出来。

【棒棒糖提示词】

a lollipop icon, pink and blue, glowing effect, rich details, round, cute, dark background, matte, stylish, realistic, 3d cartoon, c4d, clay, game props, trending on dribbble and behance, popular on pinterest, blender, neon light, oc rendering, isometric, studio lighting, hd, 8k --ar 1:1 --niji 5 -- seed 2650840131

翻译：棒棒糖图标，桃红色和蓝色，发光效果，细节丰富，圆形，可爱，暗色背景，亚光，时尚，逼真，3D 卡通，C4D，黏土，游戏道具，Dribbble 和 Behance 趋势，Pinterest 流行，Blender，霓虹灯，OC 渲染，等距，工作室照明，HD，8K --图片比例 1∶1　--Niji 5 版本　--Seed 值 2650840131

AI 生成的一组棒棒糖图标如图 6-4 所示。

图 6-4

【鲜花提示词】

a rose icon, red flower, two green leaves, glowing effect, rich details, round, cute, dark background, matte, stylish, realistic, 3d cartoon, c4d, clay, game props, treding on dribbble and behance, popular on pinterest , blender, neon light, oc render, isometric, studio lighting, hd, 8k --ar 1:1 --niji 5 -- seed 2650840131

翻译：玫瑰花图标，红色花朵，两片绿叶，发光效果，细节丰富，圆形，可爱，暗色背景，亚光，时尚，逼真，3D 卡通，C4D，黏土，游戏道具，Dribbble 和 Behance 趋势，Pinterest 流行，Blender，霓虹灯，OC 渲染，等距，工作室照明，HD，8K --图片比例 1∶1 --Niji 5 版本　--Seed 值 2650840131

AI 生成的一组鲜花图标如图 6-5 所示。

图 6-5

【跑车提示词】

a sports car icon, golden yellow, glowing effect, rich details, cute, dark background, matte, stylish, realistic, 3d cartoon, c4d, clay, game props, trending on dribbble and behance, popular on pinterest, blender, neon light, oc rendering, isometric, studio lighting, hd, 8k --ar 1:1 --niji 5 -- seed 2650840131

翻译：跑车图标，金黄色，发光效果，细节丰富，可爱，暗色背景，亚光，时尚，逼真，3D 卡通，C4D，黏土，游戏道具，Dribbble 和 Behance 趋势，Pinterest 流行，Blender，霓虹灯，OC 渲染，等距，工作室照明，HD，8K --图片比例 1：1 --Niji 5 版本 --Seed 值 2650840131

AI 生成的一组跑车图标如图 6-6 所示。

图 6-6

【眼镜提示词】

a glasses icon, yellow purple frame, black lens, glowing effect, rich details, cute, dark background, matte, stylish, realistic, 3d cartoon, c4d, clay, game props, trending on dribbble and behance, popular on pinterest, blender , neon light, oc render, isometric, studio lighting, hd, 8k --ar 1:1 --niji 5 -- seed 2650840131

翻译：眼镜图标，黄紫色框，黑色镜片，发光效果，细节丰富，可爱，暗色背景，亚光，时尚，逼真，3D 卡通，C4D，黏土，游戏道具，Dribbble 和 Behance 趋势，Pinterest 流行，Blender，霓虹灯，OC 渲染，等距，工作室照明，HD，8K --图片比例 1∶1 --Niji 5 版本 --Seed 值 2650840131

AI 生成的一组眼镜图标如图 6-7 所示。

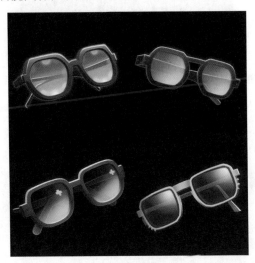

图 6-7

【礼花提示词】

a firework icon, colorful, with ribbons, glowing effects, rich details, cute, dark background, matte, stylish, realistic, 3d cartoon, c4d, clay, game prop, dribbble and behance trend, pinterest trending, blender, neon light, oc rendering, isometric, studio lighting, hd, 8k --ar 1:1 --niji 5 -- seed 2650840131

翻译：一个礼花图标，五颜六色，有彩带，发光效果，细节丰富，可爱，暗色背景，亚光，时尚，逼真，3D 卡通，C4D，黏土，游戏道具，Dribbble 和 Behance 趋势，Pinterest 流行，Blender，霓虹灯，OC 渲染，等距，工作室照明，HD，8K --图片比例 1∶1 --Niji 5 版本 --Seed 值 2650840131

　　AI 生成的一组礼花图标如图 6-8 所示。

图 6-8

　　提示　通过上面几个图标的生成可以发现：若要保证所有图标的统一性和一致性，那我们只需要更改画面主体提示词和画面细节提示词，固定风格提示词和画质提示词，并加上之前那张图片的 Seed 值。

　　现在将 AI 生成的图标拖入 Photoshop 优化调整并统一背景，最终效果如图 6-9 所示。

图 6-9

　　这个案例所生成的图标都利用参考图片来"垫图"了，还可以用生成的图片来继续"垫图"。有时，还需要在 Photoshop 中调整所有生成图片的亮度和对比度。

6.1.3 【提示词模板】AI 3D 写实图标

垫图链接地址* + 主体图标* + 图标描述* + 3D 卡通 + C4D + 黏土 + 游戏道具 + Dribbble 和 Behance 趋势 + Blender + 霓虹灯 + 等距 +画质* + 图片比例 1：1 + Niji 5

主要提示词的英文 3D 卡通（3D Cartoon）、黏土（Clay）、Dribbble 和 Behance 趋势（Trending on Dribbble And Behance）、霓虹灯（Neon Light）、等距（Isometric）

6.2 UI 引导页设计

UI 引导页可以增加用户对应用的印象力，还可以提高用户的留存率和使用体验。

设计师可以使用 AI 绘画技术为 UI 引导页设计独具特色的插画。分析用户画像和偏好，可以让 AI 创造出与用户喜好相关的插画元素，使 UI 引导页更加个性和引人注目。

6.2.1 深入了解 UI 引导页设计

6.2.1.1 UI 引导页的常见设计风格

在 App 中，UI 引导页有以下几种常见的设计风格。

（1）扁平化风格：采用简单的图标、明亮的颜色和清晰的排版，给人以简洁、干净和现代的感觉。

（2）插画和卡通风格：以生动的手绘图像设计画面，并配以相应的情感文案。这种风格通常会给人留下愉悦、轻松的感觉。

（3）图片风格：通过多张图片展示 App 的不同功能和特点，以吸引用户的注意力。

（4）视频动画风格：通过视频或动画来展示 App 的功能特点和操作方式，使用户能更加直观地理解和感受。

6.2.1.2 UI 引导页的设计技巧

以下是 UI 引导页设计的一些技巧。

（1）风格统一：UI 引导页的风格要与 App 界面的风格保持一致，这样可以让用户更容易地识别品牌标识和主题。

（2）按钮醒目：UI 引导页上的按钮要醒目，让用户快速找到"继续""立即体验"等按钮，使用户不会迷失在 UI 引导页中。

（3）渐进式引导：将 UI 引导页设计成 3 或 4 个步骤，逐步介绍应用的不同功能和界面。步骤简单明了，有清晰的指导，以帮助用户了解和熟悉应用。

（4）吸引人的视觉：设计引人入胜的图像、颜色和文案来吸引用户的关注。采用高质量的图像和符合主题的配色方案，以及合适的排版和布局。

6.2.2　案例实战：旅游类 App 中手绘插画风格的 UI 引导页

案例需求：设计一款旅游类 App 的 UI 引导页，采用手绘插画风格。

6.2.2.1　寻找优秀的参考图片

有些设计师不会手绘插画，找素材时很难找到满意的画片。即使找到了，要么需要花钱购买会员才可以下载，要么图片不可以商用。

Midjourney 擅长产出扁平类、三维类、像素类、动画卡通类的人物、场景、动物等插画。在用 Midjourney 生成图片前，你需要找到合适的参考图片，这样 Midjourney 就可以快速帮你生成图片。

除前面推荐的在专业设计网站找参考图片外，我们也可以在熟悉的旅游 App 里找找灵感。

6.2.2.2　整理提示词

整个 UI 引导页有 3 页内容，每页中的文案分别是"规划行程，预订一切所需""启程探索，梦幻目的地""加入社区，分享您的经历"。我们根据每页的文案构思画面，并整理提示词。这三句文案分别体现了这款旅游 App 的功能特色。

下面来整理第一句文案的画面提示词。

【画面主体】旅游插画

【画面细节】画面有帽子、行李箱、眼镜和照相机，低饱和度，浅粉色和海军蓝色，蓝天白云，椰树叶子

【参考风格】扁平插画，极简风格，矢量插画，动画插画，Dribbble 和 Behance 趋势

【视角】特写

【画质】8K

【版本】Niji 5

6.2.2.3　AI 炼图

我们将整理好的提示词翻译成英文，如下：

illustration about travel, straw hat, suitcase, camera, glasses, low saturation, light pink and navy blue, blue sky and white clouds, coconut tree leaves, close-up, flat illustration, animated illustration, vector illustration, illustration for dribbble and behance trend, 8K

翻译：关于旅行的插画，草帽，手提箱，相机，眼镜，低饱和度，浅粉色和海军蓝色，蓝天白云，椰子树叶，特写，扁平插画，动画插画，矢量插画，Dribbble 和 Behance 趋势的插图，8K

将参考图片拖入 Midjourney 的对话框，得到图片链接，再在链接地址后输入上述提示词，生成的图片如图 6-10 所示。

图 6-10

打开 Nijijourney 发送的私信，找到这张图片的 Seed 值，如图 6-11 所示。为了统一 3 张引导页的画面风格，在接下来的两个场景画面的提示词后面需要加上这个 Seed 值。

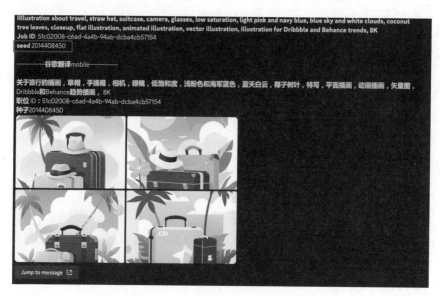

图 6-11

通过第 2 页引导页文案"启程探索，梦幻目的地"构想画面并整理提示词。

【画面主体】一个长发女孩在海上冲浪

【画面细节】低饱和度，浅粉色和海军蓝色，蓝天白云，椰树叶子

【参考风格】扁平插画，极简风格，矢量插画，动画插画，Dribbble 和 Behance 趋势

【视角】特写

【画质】8K

【版本】Niji 5

优化后将提示词译为英文，如下：

a girl with long hair is surfing on the sea, full body close-up, low saturation, light pink and navy blue, blue sky and white clouds, coconut tree leaves, flat illustration, minimalist style, vector illustration, animation illustration, dribbble and behance trend, 8K -- seed 2014408450

翻译：一个长发女孩在海上冲浪，全身特写，低饱和度，浅粉色和海军蓝色系，蓝天白云，椰树叶子，扁平插画，极简风格，矢量插画，动画插画，Dribbble 和 Behance 趋势，8K -- Seed 值 2014408450

AI 生成的效果如图 6-12 所示。

图 6-12

继续通过第 3 页引导页文案"加入社区，分享您的经历"构想画面，并整理提示词。

【画面主体】一个长发女孩睡在海边沙滩的躺椅上

【画面细节】低饱和度，浅粉色和海军蓝色，蓝天白云，椰树叶子

【参考风格】扁平插画，极简风格，矢量插画，动画插画，Dribbble 和 Behance 趋势

【视角】俯视角，大特写

【画质】8K

【版本】Niji 5

优化后将提示词译为英文，如下：

a girl sleeps on a deck chair at the beach, starfish, low saturation, light pink and navy blue, blue sky and white clouds, coconut tree leaves, top view, close-up, flat illustration, minimalist style, vector illustration, animation illustration, dribbble and behance trend, 8k -- seed 2014408450

翻译：一个女孩睡在海边沙滩的躺椅上，海星，低饱和度，浅粉色和海军蓝色，蓝天白云，椰树叶子，俯视角，大特写，扁平插画，极简风格，矢量插画，动画插画，Dribbble 和 Behance 趋势，8K -- Seed 值 2014408450

AI 生成的效果如图 6-13 所示。

图 6-13

　　现在 3 张引导页插画已经生成。其中都有瑕疵，接下来将这 3 张图片拖入 Photoshop 中进行尺寸调整、修图和文案排版。最终效果如图 6-14、图 6-15、图 6-16 所示。

图 6-14　　　　　　　　　　图 6-15　　　　　　　　　　图 6-16

　　提示　虽然我们对这 3 张图片只更改了画面主体提示词和画面细节提示词，也增加了 Seed 值，但是 AI 的随机性和不确定性导致生成图片的颜色不完全一致，这就需要我们在 Photoshop 中对图片进行调色。这虽然有点麻烦，不过比起传统方式，让 AI 生成 UI 引导页插画在速度上提高了太多。

6.2.3　【提示词模板】AI 扁平插画引导页

垫图链接地址* +主体* + 画面细节* + 视角* + 扁平插画 + 极简风格 + 矢量插画 + 动画插画 + Dribbble 和 Behance 趋势 + 画质* + 图片比例* + Niji 5

主要提示词的英文　扁平插画（Flat Illustration）、极简风格（Minimalist Style）、矢量插画（Vector Illustration）、动画插画（Animation Illustration）

6.3　App 界面设计

目前市面上的 App 界面存在"界面同质化严重，缺少创意和变化"的问题。在 App 界面中原创的插画元素、3D 设计元素，对于普通 UI 设计师来说难度较大，且费时费力。

AI 绘画工具可以生成多种 App 界面设计方案，给设计师提供设计灵感，给甲方更多的选择。

6.3.1　App 界面设计的常见风格

App 界面设计的常见风格如下。

（1）扁平风格：强调简洁、明了和现代感，避免过多的阴影、纹理和渐变效果。

（2）极简风格：使用大量的留白和简单的线条。这种风格注重内容的重要性，不会出现过多的装饰和复杂元素。

（3）拟物风格：模拟现实生活中的对象和材料，提供逼真的外观和质感，使用户界面看起来像真实的物体。

（4）游戏风格：常出现在游戏和娱乐应用中，以增加用户的参与度和乐趣，以激发用户的兴趣和动力。

（5）手绘风格：使用手绘、插画或卡通图像来创造新颖独特的界面，给画面增加趣味，给用户带来亲切感。

6.3.2　案例实战：咖啡店 App 界面设计

案例需求：设计一个咖啡外卖 App 的界面，3 张主要页面，创意十足，界面采用手绘风格。

6.3.2.1 寻找优秀的参考图片

根据需求类型，寻找优秀的参考图片，以确定配色、设计方向、界面布局结构等。我们可以在"站酷""即时设计"中查看同类型的参考图片，也可以打开星巴克、瑞幸咖啡等咖啡品牌的 App 寻找灵感。

6.3.2.2 整理提示词

根据需求和参考图片得出大概的想法，整理提示词。

【画面主体】一款咖啡外卖 App UI 设计

【画面细节】手机 App，UI/UX 设计，绿色与白色，加一点棕色

【参考风格】极简风格，扁平插画，拟物化，3D 风格，Dribbble 趋势

【视角构图】3 个主要页面平铺，无透视

【画质】8K，3D 渲染

【版本】Niji 5

【尺寸比例】16：9

前面介绍了 App 界面设计的常见风格，这些设计风格可以单独使用或结合在一起，这里我们选择多种设计风格结合使用。

6.3.2.3 AI 炼图

将整理好的提示词翻译成英文，最终确定的提示词如下：

a coffee delivery app ui design, mobile app, ui/ux design, green and white, add a little brown, minimalist style, flat illustration, exquisite illustration, skeuomorphism, 3d style, dribbble trend, 3 main page tiles, no perspective, 3d rendering, 8k --ar 16:9

翻译：一款咖啡外卖 App 的 UI 设计，手机 App，UI/UX 设计，绿色与白色，加一点棕色，极简风格，扁平插画，精美插图，拟物化，3D 风格，Dribbble 趋势，3 个主要页面平铺，无透视，3D 渲染，8K --图片比例 16：9

经过多次刷图，我们选择图 6-17 这张图为咖啡 App 界面设计的参考图片。

提示 目前 AI 生成的 App 界面还无法完全直接应用在工作上，但它可以给我们提供配色参考，我们也可以直接使用界面中的背景和图标。UI 设计师还需要在专业的界面设计软件中重新设计 App 界面。

图 6-17

我们可以从图 6-17 中提取重要设计内容：

（1）确定咖啡 App 界面的配色。

（2）提取其中的大幅咖啡元素插画，将其作为 App Banner 的背景。

（3）整个界面可以作为我们设计时的参考。

接下来，用图 6-17 这张图片"垫图"再加上提示词，让 AI 生成更多风格一致的界面图，图 6-18 和图 6-19 是其中的一组。

图 6-18

图 6-19

通过"垫图"和不断刷新，我们可以得到更多精美的插画和小图标，这些都可以应用在真实的项目中。

也可以通过之前讲解的 AI 生成图标方法来单独生成咖啡图标。

整理后的提示词如下：

a set of coffee delivery app icons, minimalist style, flat illustration, green and brown, dribbble and behance trend, white background, hd, 8k --ar 16:9

翻译：一组咖啡外卖 App 图标，极简风格，扁平插画，绿色和棕色，Dribbble 和 Behance 趋势，白色背景，HD，8K --图片比例 16：9

AI 生成的图标如图 6-20 所示。

图 6-20

这些图标都可以被扩展成高清图或被转换为矢量图，然后直接应用在项目中。若需要生成线性图标，则我们将提示词改为如下。

a set of coffee delivery app icons, minimalist style, no pattern and color fill, linear style, thin line, brown, dribbble and behance trend, white background, hd, 8k --ar 16:9

翻译：一组咖啡外卖 App 图标，极简风格，无图案和颜色填充，线性风格，细线条，棕色，Dribbble 和 Behance 趋势，白色背景，HD，8K --图片比例 16：9

AI 生成的图标如图 6-21 所示。

图 6-21

我们将上述提示词中的"brown"改为"green"，其他不做任何改变，再得到一组绿色的线性图标，如图 6-22 所示。

图 6-22

UI 设计师通过 AI 绘画工具得到 App 配色方案、Banner 的背景、图标等元素，再根据产品经理提供的 App 原型图，在专业的 UI 界面设计软件中设计出可在实际项目中使用的界面图片。这就是未来 UI 设计师的正确工作方式。

6.3.3　【提示词模板】AI App 界面

一款主体产品 App UI 设计* + 手机 App + UI/UX 设计 + 颜色描述* + 极简风格 + 扁平插画 + 拟物化 + 3D 风格 + Dribbble 趋势 + 3 个主要页面平铺 + 无透视 + 画质* + 图片比例 16∶9

主要提示词的英文　手机 App（Mobile App）、UI/UX 设计（UI/UX Design）、极简风格（Minimalist Style）、扁平插画（Flat Illustration）、拟物化（Skeuomorphism）、3D 风格（3D Style）、Dribbble 趋势（Dribbble Trend）、3 个主要页面平铺（3 Main Page Tiles）、无透视（No Perspective）

若想做游戏风或其他风格的 App 界面，则在提示词中添加该风格的提示词即可。

6.4　网页设计

AI 绘画工具在网页设计中也有很强的实用性。它能够快速生成图形元素、提供配色方案、排版布局参考等。

6.4.1　网页设计的技巧和注意事项

以下是网页设计的一些的技巧和注意事项。

（1）简洁、清晰的布局：确保网页的布局简单、明了，信息结构清晰，应避免过多的复杂元素和混乱的排版。

（2）合适的字体：选择与品牌风格相符的字体，确保可读性和可访问性。通常建议使用两种字体，一种用于大标题，另一种用于正文和小标题。

（3）色彩搭配和品牌形象一致：选择与品牌形象一致的色彩搭配方案。

（4）简化导航菜单：采用简洁且直观的导航菜单，让用户快速找到所需内容。

（5）高质量的图片和图形：使用高质量的图片和图形来增强网页的视觉效果，确保图像文件大小合适，以避免加载时间过长。

（6）合理的留白：合理运用留白可以让页面看起来更整洁和更舒适。

（7）交互元素的统一性：确保交互元素（如按钮、链接、表单等）在所有网页中保持统一的样式和行为，这有助于用户理解和预测网站的交互方式。

6.4.2 案例实战：咖啡店网页设计

案例需求：设计一个咖啡外卖店的网页，需要逼真写实的效果。

6.4.2.1 整理提示词

我们整理了以下提示词，让 AI 生成咖啡店的网页设计。

【画面主体】关于咖啡外卖店的网页设计

【画面细节】网页设计，UI/UX 设计，绿色与白色，加一点棕色，对比强烈，浅色背景

【参考风格】极简风格，Dribbble，Behance，Awwwwards

【视角构图】正视图，无透视

【画质】8K

【版本】MJ V5.2

【尺寸比例】3：4

6.4.2.2 AI 炼图

1. 直接生成网页设计图

先让 Midjourney 根据以下提示词直接生成网页设计图。

web design about coffee takeaway, web design, ui/ux design, green and white with a touch of brown, high contrast, light background, minimalist style, dribbble, behance, awwwwards, front view, no perspective, 8k --ar 3:4

翻译：关于咖啡外卖店的网页设计，网页设计，UI/UX 设计，绿色与白色并加一点棕色，对比强烈，浅色背景，极简风格，Dribbble，Behance，Awwwwards，正视图，无透视，8K --图片比例 3：4

将上述提示词输入 Midjourney 的对话框中，生成的图片如图 6-23 和图 6-24 所示。

图 6-23   图 6-24

案例需要 AI 生成的是写实逼真的效果设计，所以在提示词中机器人选择 Midjourney 5.2 版本。上面两张图的网页布局和配色都很不错，最上方的 Banner 设计效果也非常有吸引力，我们可以直接将英文处理掉替换成中文广告语进行排版设计。

提示　我们可以从 AI 生成的网页设计图中获得配色方案、排版布局方式和 Banner 背景，也可以将 AI 生成的网页设计图通过 Upscayl 扩展成高清图。

之后，将 AI 生成的参考图拖入专业的网页设计软件（如：即时设计、Adobe XD、Figma、Sktech）中进行重新设计。

2. 插画风格的网页设计

接下来我们尝试更多的风格，整理了一段插画风格的网页设计提示词：

web design about coffee takeaway, web design, ui/ux design, green and white with a touch of brown, high contrast, light background, minimalist style, flat illustration, beautiful illustration, dribbble, behance, awwwwards, front view, no perspective, 8k

翻译：关于咖啡外卖店的网页设计，网页设计，UI/UX 设计，绿色与白色并加一点棕色，对比强烈，浅色背景，极简风格，扁平插画，精美插图，Dribbble，

Behance，Awwwwards，正视图，无透视，8K

　　直接在参考风格这里加入了"扁平插画"和"精美插图"提示词，其余提示词固定不变。我们希望 AI 生成的网页是插画风格的，所以在提示词中选择机器人版本为 Niji 5，生成的效果图如图 6-25 和图 6-26 所示。

图 6-25　　　　　　　　　　　　　　　　　图 6-26

　　图 6-25 为深色配色，图 6-26 为稍浅色配色。两张图配色都很不错。

3. 3D 风格的网页效果

　　还有一种 3D 风格的网页效果，AI 也很擅长。原理一样，在参考风格提示词中里加上"3D 风格""黏土"，在画质提示词中加上"3D 渲染"。

web design about coffee takeaway, web design, ui/ux design, green and white with a touch of brown, high contrast, light background, minimalist style, 3d style, clay, dribbble, behance, awwwwards, front view , no perspective, 3d rendering, 8k

翻译：关于咖啡外卖店的网页设计，网页设计，UI/UX 设计，绿色与白色并加一点棕色，对比强烈，浅色背景，极简风格，3D 风格，黏土，Dribbble，Behance，Awwwwards，正视图，无透视，3D 渲染，8K

　　AI 生成的效果图如图 6-27 和图 6-28 所示。

图 6-27   图 6-28

上面两张图片的网页布局和配色都可以成为真实项目设计的参考。

  提示 也可以在提示词中将图片比例改为 16：9，直接生成网页头部 Banner 的背景，如图 6-29 和图 6-30（增加了提示词"C4D"）所示。

图 6-29

图 6-30

上面两张图作为网页头部 Banner 的背景也是足够优秀的，将它们扩展成高清图，再加上文案就可以在工作中应用了。

6.4.3 【提示词模板】AI 网页设计

关于什么的网页设计* + 网页设计 + UI/UX 设计 + 颜色描述* + 对比强烈 + 浅色背景 + 极简主义 + 3D 风格 + 黏土 + C4D + Dribble + Behance + Awwwwards + 正视图 + 无透视 + 3D 渲染 + 图片比例 3∶4

主要提示词的英文 关于什么的网页设计（Web Design About 什么）、网页设计（Web Design）、UI/UX 设计（UI/UX Design）、对比强烈（High Contrast）、浅色背景（Light Background）、极简主义（Minimalist Style）、3D 风格（3D Style）、黏土（Clay）、正视图（Front View）、无透视（No Perspective）、3D 渲染（3D Rendering）

若你想做游戏风格或其他风格的网页设计，那在提示词中添加该风格的提示词即可。

第 7 章

AI 在摄影中的应用

你会摄影吗？摄影对于设计师来说绝对是一项有用的技能。如果你还不会摄影，那就去了解一些摄影的专业知识吧，再结合上 AI 绘画技能，那你也有可能成为一位摄影大师。

7.1 深入了解摄影

你是不是常常为找设计项目中的一张理想的摄影图片翻遍很多网站？有时根本找不到让人满意的摄影图片，就算找到了还要购买会员，有些摄影图片甚至不能被商用。如果你有以上的苦恼，那你一定要学习本章的内容。

7.1.1 摄影的构图

在摄影中有许多构图方式，利用不同的构图方式可以创造出不同的视觉效果。以下是摄影中一些常见的构图方式：

（1）九宫格构图（也称为"三分构图"）：将画面平均分为 9 个区域，将主题元素放置在这些交叉点或线的位置上，创造出有吸引力的画面。

（2）黄金分割构图：将画面分为 1∶1.618 的两个区域，使画面更具视觉平衡和吸引力。

（3）对称构图：采用对称元素和中心对称的布局，创造出平衡和稳重感。

（4）对角线构图：将主题放置在画面的对角线上，画面更富张力和动感。

（5）透视构图：利用透视线和景深效果，增加画面的立体感和深度。

（6）前景摄影构图：在画面前方加入有趣的元素，增加画面的深度和吸引力。

（7）中心构图：将重要元素放置于画面的中心位置，使其成为焦点，创造出稳定、对称和平衡的效果。

图 7-1 采用对称构图，图 7-2 采用对角线构图。

图 7-1　　　　　　　　　　　　　　　图 7-2

7.1.2　摄影的视角和打光

摄影中视角和打光是非常重要的两个方面。

1. 视角

视角是指，在摄影师拍摄照片时，相机与被摄物之间的角度。以下是一些常见的视角。

- 平视：相机与被摄物平行，可以呈现真实的视角，适用于大部分拍摄场景。
- 仰视：向上仰望拍摄被摄物，可以营造出一种崇高、宏伟的感觉。
- 俯视：相机从较高的地方向下俯视拍摄，可以捕捉到全景、大面积的场景。
- 高角度：相机从较高的角度俯视拍摄被摄物，这样可以创造俯瞰感，适用于拍摄人群、景观、城市全景等。
- 低角度：相机从较低的角度拍摄，这样突出被摄物的高大和威严感，适用于拍摄高建筑、峰顶等。

图 7-3 采用平视视角，图 7-4 采用高角度视角。

图 7-3 图 7-3

2. 打光

打光是摄影中至关重要的技巧之一。通过合理的光线控制，可以改变照片的色彩和氛围感。"光"分为以下几种。

- 自然光：可以营造出柔和、自然的照明效果。拍摄时，要注意光的方向、强度和色温，应根据需要调整拍摄角度和位置。
- 人工光：使用闪光灯、灯具等人工光源进行补光或制造特殊效果。
- 补光：当处于强烈的背光或曝光不足的条件下时，使用补光灯或反射板等工具对被摄物体进行补光，以获得更好的光源效果和细节。
- 侧光：将光源放置在被摄物体的一侧，可以产生明暗对比和立体感，突出被摄物体的轮廓和纹理。
- 背光：将光源放置在被摄物体后方，可以使被摄物得到较好的照明效果。

图 7-5 为背光的效果图，图 7-6 为侧光的效果图。

图 7-5　　　　　　　　　　　　　　　　　图 7-6

7.1.3　摄影常用的专业术语

下面介绍摄影常用的专业术语。

（1）快门速度：像素被曝光的时长。快门速度越快则进光量越少，快门速度越慢则进光量越多。常见的快门速度包括 1/1000 秒、1/250 秒和 1/60 秒等。

（2）光圈：镜头内的一个孔，可以限制通过镜头的光线量。通过更改相机中的光圈值，可以增大/减小该孔的大小，从而允许更多/更少的光线进入相机。

（3）镜头焦距：光学后主点到焦点的距离。焦距越短则拍摄的范围越广，焦距越长则拍摄的范围越窄。例如，焦距 18mm 提供了较广的视野，适用于拍摄大范围的景物；焦距 200mm 提供了较窄的视野，适用于拍摄远处的主体或进行细节拍摄。

（4）感光度（ISO）：相机感光元件对光线的敏感程度。较高的 ISO 值可以在低光条件下获取更亮的图像，但同时会引入噪声点。

（5）白平衡：调整相机以适应不同光源下的颜色温度，确保白色外观真实且没有偏色效果。白平衡低时，拍出来的照片颜色偏蓝；白平衡高时，拍出来的照片颜色偏红。

（6）景深：在聚焦完成后，焦点前后呈现清晰图像的距离。光圈、镜头焦距等是影响景深的重要因素。例如，较小的光圈可以使得主体清晰而背景模糊，较大的光圈可以使得整个场景都清晰。

以上只是最基础的摄影知识，如果想更好地利用 AI 绘画工具，可以自行找一些专业的摄影图书学习。

7.2 案例实战：一组水下生物摄影大片

案例需求：AI 生成一组水下生物摄影图片，画面唯美且真实。

7.2.1 整理提示词

初步整理得到以下提示词：

【画面主体】水下摄影

【主体细节】拍摄水下生物，唯美海底世界

【视角】特写，平视

【打光】自然光

【焦距】80mm 焦距

【相机型号】Nikon D850 in housing

【参考方向】获奖摄影作品

【画质】真实的，超级详细，高清晰度

【图片比例】3：4

7.2.2 AI 炼图

广角镜头适用于拍摄较大的水下生物或较广阔的水下景观。它们通常具有较短的焦距（14mm～24mm）。中等焦距（35mm～85mm）的镜头适用于中等大小的水下生物，或需要一定距离的拍摄。

我们可以尝试不同的焦距和不同的视角来看看效果。

将内容翻译优化得到最终的提示词：

underwater photography, shooting underwater creatures, beautiful underwater world, close-up, head-up, natural light, 80mm focal length, Nikon D850 in housing, award-winning photo graphy, ultra-detailed, real, high-definition --ar 3:4

翻译：水下摄影，拍摄水下生物，唯美海底世界，特写，平视，自然光，80mm 焦距，Nikon D850 in housing，获奖摄影作品，超详细，真实的，高清晰度 --图片比例 3 : 4

我们先选择 80mm 焦距，让 AI 生成中等大小的水下生物，经过几次刷新生成图片。图 7-7 中采用 80mm 焦距、平视，图 7-8 采用 80mm 焦距、高角度。

图 7-7

图 7-8

再来试试 14mm 焦距。图 7-9 采用 14mm 焦距、低角度，图 7-10 采用 14mm 焦距、平视。

图 7-9

图 7-10

经过多次刷新得出以下结论：焦距在 AI 中属于不太重要的提示词，决定最后画面效果的提示词是拍摄角度、相机型号和主体内容。

7.2.3 【提示词模板】AI 水下摄影作品

水下摄影 + 主体细节* + 平视/低角度 + 自然光 + Nikon D850 In Housing + 获奖摄影作品 + 画质*

主要提示词的英文 水下摄影（Underwater Photography）、平视/低角度（Head-Up/Low Angle）、自然光（Natural Light）、获奖摄影作品（Award Winning Photography）

7.3　其他摄影作品的提示词模板

本节介绍其他类型的摄影作品，会分别介绍一个案例，并总结相关的提示词模板。

7.3.1 【提示词模板】AI 人像摄影作品

我们来整理人像摄影的描述画面：

【画面主体】人像摄影

【主体细节】拍摄芦苇地的亚洲女人，黑色长卷发，穿着白色长裙，超逼真的皮肤纹理

【视角】平视

【打光】柔和的太阳光

【相机型号】Canon Eos 5D Mark IV

【参考方向】获奖摄影作品

【画质】超级详细，高清晰度

【图片比例】3∶4

本章所有案例都没有选择用参考图片"垫图"，让 AI 自由发挥，最后它也能生成不错的摄影作品。

最终确定的提示词如下：

portrait photography, asian woman in reed field, black long curly hair, wearing white long dress, super realistic skin texture, head-up, soft sun light, canon eos 5d mark iv, award winning photography, ultra-detailed, high definition --ar 3:4

翻译：人像摄影，芦苇地的亚洲女人，黑色长卷发，穿着白色长裙，超逼真的皮肤纹理，平视，柔和的太阳光，Canon Eos 5D Mark IV，获奖摄影作品，超详细，高清晰度 --图片比例 3∶4

加入"超逼真的皮肤纹理"提示词是为了让生成的图片更像真实的人像，更加自然。

图 7-11 采用平视，图 7-12 采用仰视。

图 7-11   图 7-12

总结一下，AI 人像摄影作品的提示词模板如下：

人像摄影 + 主体细节* + 视角* + 打光* + Canon Eos 5D Mark IV + 获奖摄影作品 + 画质*

主要提示词的英文　人像摄影（Portrait Photography）

7.3.2 【提示词模板】AI 风景摄影作品

整理风景摄影的描述画面：

【画面主体】风景摄影

【主体细节】拍摄马尔代夫风景，马尔代夫著名景点

【视角】低角度，全景

【打光】美丽的太阳光

【相机型号】Nikon D850

【参考方向】获奖摄影作品

【画质】超详细，高清晰度

【图片比例】16∶9

翻译整理出最终提示词如下：

llandscape photography, shooting maldives scenery, famous attractions in maldives, low angle, panoramic, beautiful sunlight, nikon d850, award winning photography, ultra-detailed, high definition --ar 16:9

翻译：风景摄影，拍摄马尔代夫风景，马尔代夫著名景点，低角度，全景，美丽阳光，Nikon D850，获奖摄影作品，超详细，高清晰度 --图片比例 16∶9

风景照一般以宽屏效果为主，所以图片比例被设置为 16∶9。AI 根据不同视角和不同打光生成效果图，如图 7-13（低角度、太阳光）和图 7-14（高角度、夕阳光）所示。

图 7-13

图 7-14

总结一下，AI 风景摄影作品的提示词模板如下：

风景摄影 + 主体细节* + 高角度/低角度 + 太阳光/夕阳光 + Nikon D850 + 获奖摄影作品 + 画质* + 图片比例 16：9

7.3.3 【提示词模板】AI 野生动物摄影

整理野生动物摄影的描述画面：

【画面主体】野生动物摄影

【主体细节】拍摄狮子，慵懒地趴着

【视角】平视，侧视图

【打光】自然的晨光

【相机型号】Sony A1

【参考方向】获奖摄影作品

【画质】超级详细，高清晰度

【图片比例】4：3

整理后的提示词如下：

> wildlife photography, photographing a lion, lying on its stomach, head-up, side view, natural morning light, sony a1, award winning photography, ultra-detailed, high definition --ar 4:3

翻译：野生动物摄影，拍摄狮子，慵懒地趴着，平视，侧视图，自然的晨光，Sony A1，获奖摄影作品，超详细，高清晰度 --图片比例 4：3

AI 生成不同角度和不同打光下的摄影图，效果如图 7-15（平视、自然晨光）和图 7-16（仰视、黄金时段光）所示。

图 7-15

图 7-16

总结一下，AI 野生动物摄影作品的提示词模板如下：

野生动物摄影 + 主体细节* + 视角* + 自然晨光/太阳光/黄金时段光 + Sony A1 + 获奖摄影作品 + 画质* + 图片比例 4:3

主要提示词的英文　野生动物摄影（Wildlife Photography）、自然晨光/太阳光/黄金时段光（Natural Morning Light/Sun Light/Golden Hour Light）

7.3.4　【提示词模板】AI 美食摄影

整理美食摄影的描述画面：

【画面主体】美食摄影

【主体细节】拍摄盘子里的牛排，暗色干净背景

【视角】俯拍，特写镜头

【打光】柔和光线

【相机型号】Nikon D850

【参考方向】获奖摄影作品

【画质】超级详细，高清晰度

【图片比例】4：3

整理后的提示词如下：

food photography, steak on a plate, overhead, close-up, soft light, center composition, dark clean background, nikon d850, award winning photography, ultra-detailed, high definition --ar 4:3

翻译：美食摄影，盘子里的牛排，俯拍，特写，柔和光线，中心构图，暗色干净背景，Nikon D850，获奖摄影作品，超详细，高清晰度 --图片比例 4：3

AI 生成不同角度和不同打光下的摄影图，效果如图 7-17（俯视、柔和光线）和图 7-18（高角度 45 度、影棚光）所示。

图 7-17

图 7-18

总结一下，AI 美食摄影作品的提示词模板如下：

美食摄影 + 主体细节* + 俯拍/高角度 45 度 + 柔和光线/影棚光 + Nikon D850 + 获奖摄影作品 + 画质* + 图片比例 4：3

主要提示词的英文 美食摄影（Food Photography）、俯拍/高角度 45 度（Overhead / High Angle 45 Degrees）、柔和光线/影棚光（Soft Light/Studio Light）

7.3.5 【提示词模板】AI 黑白摄影

整理黑白摄影的描述画面：

【画面主体】黑白摄影

【主体细节】亚洲老人黑白照片，超逼真的皮肤纹理

【视角】平视，特写镜头

【打光】影棚光

【相机型号】Leica Mi0 Monochrom

【参考方向】获奖摄影作品

【画质】超级详细，高清晰度

【图片比例】3：4

整理后的提示词如下：

black and white photography, black and white photo of elderly asian, super realistic skin texture, head-up, close-up, studio light, leica mi0 monochrom, award winning photography, ultra-detailed, high definition --ar 3:4

翻译：黑白摄影，亚洲老人黑白照片，超逼真的皮肤纹理，平视，特写镜头，影棚光，Leica Mi0 Monochrom，获奖摄影作品，超详细，高清晰度 --图片比例 3：4

图 7-19 采用平视、影棚光，图 7-20 采用仰视、侧光。

图 7-19　　　　　　　　　　　　图 7-20

总结一下，AI 黑白摄影作品的提示词模板如下：

黑白摄影 + 主体细节* + 视角* + 侧光/影棚光 + Leica Mi0 Monochrom + 获奖摄影作品 + 画质* + 图片比例 3：4

主要提示词的英文　黑白摄影（Black And White Photography）、侧光/影棚光（Side Light/Studio Light）

7.3.6　AI 摄影作品的核心提示词

Super Realistic Skin Texture(超逼真的皮肤纹理)、Head-Up(平视)、High Angle (高角度)、Low Angle (低角度)、Natural Light (自然光)、Studio Light (影棚光)、Award Winning Photography (获奖摄影作品)、High Definition (高清晰度)、相机类型、摄影类型

　　提示　除上面所介绍的水下摄影、人像摄影、风景摄影、野生动物摄影、美食摄影、黑白摄影外，还有一些摄影类型，如运动摄影、建筑摄影、纪实摄影等。

　　我们只需要在提示词中添加上摄影类型和照机型号，即可得到相应的摄影作品。对于某种摄影类型应使用什么相机型号，你可以在网上搜索相应的相机型号或直接询问 ChatGPT。

7.4　让生成的图片动起来

　　如何让生成的 AI 图片动起来呢？

　　首先我们选择一张合适的图片，将画面缩小为原来的 1/2 来补齐画面效果。以图 7-8 水下珊瑚这张图为例，将图片单独放大后，再单击左下角的【Zoom Out 2x】，如图 7-21 所示。

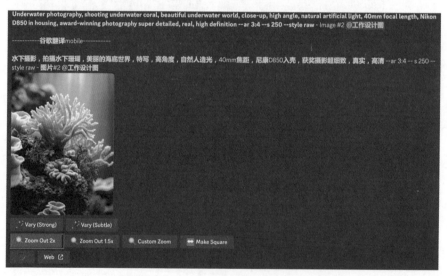

图 7-21

　　这样得到四张缩小为原来的 1/2 的图片，再单击【U4】放大第 4 张图片，如图 7-22 所示。

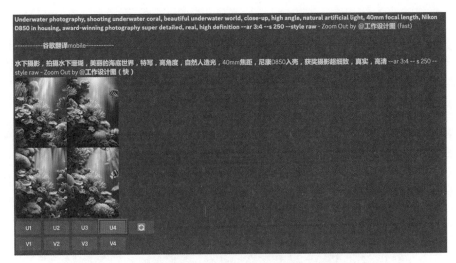

图 7-22

图 7-23 是画面缩小为原来的 1/2 的效果。请将它和图 7-8 对比，可以看到场景更广了。

图 7-23

接下来打开 LeiaPix（一个提供图像处理和转换服务的网站），将图 7-23 拖入其中，在【编辑】中调整好动画，再单击左下角的【分享】即可生成 GIF 或 MP4 的文件，如图 7-24 所示。

图 7-24

如果想在视频画面中加上文字效果，则可以将生成的 GIF 动画文件拖入 Photoshop 进行处理。打开【窗口/时间轴】查看动画帧，如图 7-25 所示。

图 7-25

在所有图层的最上方添加文字排版，其他图层不做改变，如图 7-26 所示。

图 7-26

最后，按快捷键 Shift+Ctrl+Alt+S，按照图 7-27 中的参数进行设置将图片存储为 Web 格式。

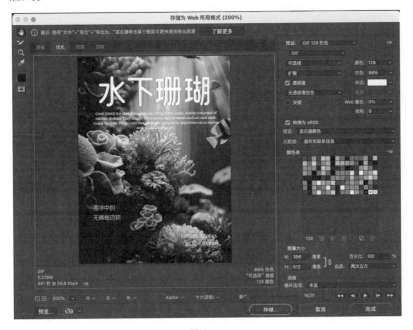

图 7-27

第8章

AI 在其他行业的应用

8.1 游戏设计

在游戏开发中，AI 绘画工具可以加速创作过程，提供更多的创意选择，以及改善游戏的视觉质量。AI 还可以与传统的手工绘画技术相结合，以创造无限的可能性。

8.1.1 游戏角色设计

许多游戏角色给我们留下了非常深刻的印象，比如《超级马里奥》系列游戏的主角马里奥，《光环》系列游戏中的主角克拉克等。接下来，我们来讲讲如何生成游戏角色的外形。

8.1.1.1 游戏角色设计的常用提示词

角色的基本提示词见表 8-1。

表 8-1

提 示 词	说　　明	提 示 词	说　　明
Character Design	角色设计	Concept Design Sheet	概念设计表
Clothing Design	服装设计	Full Body	全身
Upper Body	上半身	-	-

角色细节的提示词见表 8-2。

表 8-2

提 示 词	说 明	提 示 词	说 明
Vivid	生动的	Colorful	多彩的
Delicate Composition	精致构图	Cute And Colorful	鲜明可爱
Intricate Design	复杂设计	White Background	白色背景

角色风格的提示词见表 8-3。

表 8-3

提 示 词	说 明	提 示 词	说 明
Pixiv Illustration	P 站插画风格	Takashi Murakami	村上隆（一位受到广泛喜爱的日本艺术家）
Corporate Punk	朋克风格	Doll Style	娃娃风格
Art Award Winning	获奖艺术	Shinkawa Yoji Style	新川洋次风格
Hideo Kojima Style	小岛秀夫的风格	Yoshitaka Amano Style	天野喜孝风格

画质的提示词见表 8-4。

表 8-4

提 示 词	说 明	提 示 词	说 明
Best Quality	高质量	Ultra Details	极致细节
Detailed Character Design	精细的人物设计	Unreal Engine	虚幻引擎
OC Rendering	OC 渲染	3D Rendering	3D 渲染
Light And Dark Contrast	明暗对比	2D Art	2D 艺术

8.1.1.2 游戏角色设计案例：精灵少女三视图

游戏设计师创造游戏角色的思路是，根据想象的游戏角色外形特征来绘制草图。外形特征包括：性别、服装搭配、服装颜色、发型、五官、瞳色、动作、配饰、性格、是否带宠物等。

1. 用 ChatGPT 完成人物设定

在 AI 时代，我们可以用两类 AI 机器人来创造游戏角色外形形象：

用 ChatGP 完成人物设定 ＋ 用 Midjourney 或 Nijijourney 生成图片

先让 ChatGPT 提供生成游戏角色图片的提示词，常用的话术是：

你是一个角色设计师，请帮我设计一个游戏角色，并把这个角色的信息用提示词的形式告诉我，每个提示词之间用逗号隔开，提示词的权重越高则排序越靠前，角色信息需要包含性别、角色、服装搭配、服装颜色、发型发色、五官、瞳色、姿势、配饰、性格、风格氛围。现在我需要设计一个甜美的精灵少女，请帮我生成提示词，把提示词整合出来排列到一起，并翻译成英文。

ChatGPT 整理好的游戏角色提示词如图 8-1 所示。

图 8-1

2. AI 炼图

结合自己所构思的角色外形来优化 ChatGPT 提供的游戏角色提示词，最终确定的提示词如下：

game character design, generate three views, front view, side view, back view, full body, elf girl, sweet, transparent wings, green tight tube top skirt, silver hair, emerald green eyes, rosy cheeks, sweet smile, elegant motion, elf ears, fantasy, white background, 3d style, award winning art, unreal engine, 3d rendering, high quality, ultra details --ar 3:2

翻译：游戏角色设计，生成三视图，正视图，侧视图，后视图，全身，精灵女孩，甜美，透明翅膀，绿色紧身抹胸裙，银色头发，翠绿色眼睛，红润脸颊，甜美笑容，优雅的动作，精灵耳朵，梦幻，白色背景，3D 风格，获奖艺术，虚幻引擎，3D 渲染，高品质，极致细节 --图片比例 3：2

Midjourney 生成的三视图如图 8-2 所示。

图 8-2

提示　三视图的核心提示词：three views（三视图）、front view（前视图）、side view（侧视图）、back view（后视图）、full body（全身）。

设置图片比例为 3：2 或 16：9。只有横幅图比例，AI 才能生成三视图。如果 AI 生成的不是三视图，则请多刷新几次。另一个解决方案是，用一张同类风格的三视图来"垫图"。

8.1.1.3　AI 游戏角色设计案例：精灵少女角色概念设计图

接下来，我们来制作角色概念设计图。整理后的提示词如下：

elf girl character design, concept design sheet, sweet, transparent wings, green tight tube top skirt, silver hair, emerald green eyes, rosy cheeks, sweet smile, elegant motion, elf ears, fantasy, white background, 3d style, award winning art, unreal engine, 3d rendering, high quality, ultra details --ar 1:1

翻译：精灵女孩角色设计，概念设计表，甜美，透明翅膀，绿色紧身抹胸裙，银色头发，翠绿眼睛，红润脸颊，甜美笑容，优雅的动作，精灵耳朵，梦幻，白

色背景，3D 风格，获奖艺术，虚幻引擎，3D 渲染，高品质，极致细节 --图片比例 1：1

在整理提示词时，将"三视图"相关的提示词去除，替换为 concept design sheet（概念设计表），其他提示词不做任何改变。更改模型为 Niji，图片比例为 1：1，AI 生成的概念设计图如图 8-3 所示。

图 8-3

现在将图 8-3 缩小为原来的 1/2 大小以拓展出更多的概念设计图人物造型。首先单击【Zoom Out 2x】，生成四张缩小为原来 1/2 大小的图片，如图 8-4 所示。

图 8-4

从生成的 4 张图片中选择一张较为满意的图片，确定为最终的精灵少女概念设计图，如图 8-5 所示。

图 8-5

8.1.1.4　AI 游戏角色设计的核心提示词

Game Character Design（游戏角色设计）、Three Views（三视图）、Front View（前视图）、Side View（侧视图）、Back View（后视图）、Full Body（全身）、Concept Design Sheet（概念设计表）、White Background（白色背景）

提示　不管 AI 生成的是三视图还是概念设计图，呈现的效果都只作为游戏设计师创作游戏人物时的参考。游戏设计师将构思的人物形象通过 AI 具体化，之后游戏设计师借鉴 AI 生成的图片，在专业的游戏软件中重新进行建模绘制。

8.1.2　游戏道具设计

AI 绘画工具可以用于设计游戏中的各种道具，如武器、装备、道具、资产和装饰物等。开发人员可以从 AI 生成的图片中获取灵感，或者对生成的图片进行修改以创建新的图片。

8.1.2.1 AI 游戏道具设计的常用提示词

AI 游戏道具设计的常用提示词见表 8-5。

表 8-5

提示词	说　明	提示词	说　明
Game Sheet	游戏表	Light Background	浅色背景
Clay Render	黏土渲染	Transparent Sense Of Technology	透明科技感
Oily	油性	Shiny	闪亮
Bevel	斜角	Frosted Glass	磨砂玻璃
Style Of Hearthstone	炉石传说风格	Game Props	游戏道具
Industrial Design	工业设计	-	-

8.1.2.2 案例实战：各种刀和剑、游戏服饰、宝箱和金币、魔法药水、游戏徽章

1. 各种刀和剑

game sheet of different types of swords and axes, light background, clay render, oily, shiny, bevel, blender, style of hearthstone, high detail, 8k, --ar 3:4

翻译：不同类型的剑和斧头的游戏表，浅色背景，黏土渲染，油性，闪亮，斜角，Blender，炉石传说风格，高细节，8K --图片比例 3：4

利用 Midjourney 和 Nijiourney 生成的图片分别如图 8-6 和图 8-7 所示。

 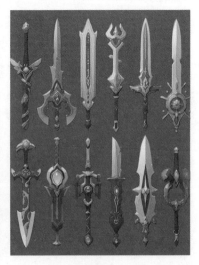

图 8-6　　　　　　　　　　　图 8-7

2. 游戏服饰

game sheet of paladin armor, light background, clay render, oily, shiny, bevel, blender, style of hearthstone, high detail, 8k --ar3:4

翻译：圣骑士盔甲游戏表，浅色背景，黏土渲染，油性，闪亮，斜角，Blender，炉石传说风格，高细节，8K --图片比例 3：4

利用 Midjourney 和 Nijiourney 生成的图片分别如图 8-8 和图 8-9 所示。

图 8-8   图 8-9

3. 宝箱和金币

game sheet of shiny treasure chests with gold coins, clay render, game icons, game asset, blender, oily, shiny, bevel, smooth rendering, hearthstone style, high detail, 8k --ar3:4

翻译：装满金币闪闪发光的宝箱的游戏表，黏土渲染，游戏图标，游戏资产，Blender，油性，闪亮，斜角，平滑渲染，炉石风格，高细节，8K --图片比例 3：4

利用 Midjourney 和 Nijiourney 生成的图片分别如图 8-10 和图 8-11 所示。

图 8-10   图 8-11

4. 魔法药水

game sheet of different types of enchanted potions, light background, clay, oily, shiny, game icon, blender, style of hearthstone,high detail, 8k --ar3:4

翻译：不同类型的魔法药水的游戏表，浅色背景，黏土，油性，闪亮，游戏图标，Blender，炉石传说风格，高细节，8K --图片比例 3∶4

利用 Midjourney 和 Nijiourney 生成的图片分别如图 8-12 和图 8-13 所示。

图 8-12   图 8-13

5. 游戏徽章

sheet of game badge，game asset, game icon, clay render, blender, oily, shiny, bevel, smooth rendering, style of hearthstone,high detail, 8k --ar3:4

翻译：游戏徽章表，游戏资产，游戏图标，黏土渲染，Blender，油性，闪亮，斜角，平滑渲染，炉石传说风格，高细节，8K --图片比例 3：4

利用 Midjourney 和 Nijiourney 生成的图片分别如图 8-14 和图 8-15 所示。

图 8-14　　　　　　　　　　　　　图 8-15

可以看到，Midjourney 生成的图片更偏写实，细节感更重；而 Nidiourney 生成的图片更柔和，光感更好，颜色更鲜亮。

8.1.2.3　AI 游戏道具设计的核心提示词

Game Sheet（游戏表）、Light Background（浅色背景）、Clay Render（黏土渲染）、Oily（油性）、Shiny（闪亮）、Bevel（斜角）、Style Of Hearthstone（炉石传说风格）、Game Assets（游戏资产）、Game Props（游戏道具）、Game Icon（游戏图标）

在游戏道具的设计过程中，设计师的创造力和经验仍然是不可替代的。AI 只是作为一个工具来辅助和增强设计，最终的设计决策还需要由设计师做出。

8.1.3　游戏场景设计

AI 绘画工具可以用于生成游戏中的各种场景，包括城市、森林、山脉、迷宫、地下洞穴等。

8.1.3.1　AI 游戏场景设计的常用提示词

场景常用的形容词见表 8-6。

表 8-6

提 示 词	说　　明	提 示 词	说　　明
Spectacular	壮观的	Grand	恢宏的
Picturesque	幽美的	Gorgeous	绚丽的
Fantastical	奇幻的	Thrilling	惊心动魄的
Magical	神奇的	Sacred	神圣的
Mmersive	沉浸式的	Majestic	雄浑的
Majestic	庄严的	Rugged	崎岖的
Ancient	古老的	Epic	史诗般的
Joyful	快乐的	Enormous	巨大的
Relaxing	悠闲的	Heroic	英勇的

场景地点的提示词见表 8-7。

表 8-7

提 示 词	说　　明	提 示 词	说　　明
Game Scenes	游戏场景	RPG Game Scenes	角色扮演游戏场景
Magic Forest	魔法森林	Castle	古堡
Ungeon	地下城	Mysterious Island	神秘岛屿
Action Game Scenes	动作游戏场景	Cliff	悬崖峭壁
Skyscraper	高楼大厦	Ecret Room	密室
Shooting Game Scenes	射击游戏场景	City Streets	城市街道
Strategy Game Scenes	策略游戏场景	Alien Planet	外星行星
Fortress	要塞	Puzzle Game Scenes	解谜游戏场景
Mechanical Room	机械室	Maze	迷宫

8.1.3.2　案例实战：奇幻场景、战争场景、科幻场景、竞技场景

以下是一些常见的 AI 游戏场景设计案例。

1. 奇幻场景（16 位像素艺术风格）

game scenes,16-bit pixel art, ancient fantasy worlds, towns to explore, architectural wonders, creatures and characters, magical elements, twinkling lights, magic attacks, fantasy adventures, ultra details --ar 16:9

翻译：游戏场景，16 位像素艺术，古代幻想世界，城镇探索，建筑奇观，生物和人物，魔法元素，闪烁的光芒，魔法攻击，幻想冒险，精致细节 --图片比例16：9

利用 Midjourney 和 Nijiourney 生成的图片分别如图 8-16 和图 8-17 所示。

图 8-16

图 8-17

2. 战争场景（真实风格）

game scenes, shooting game battlefields, city ruins, thick smoke, flames, tense atmosphere, cloudy sky, explosions, gunshots, buildings, cover, broken walls, broken windows, terror, enemies, teammates, innocent civilians, shooting, special effects, battle scenes, surrealism, super realistic picture, movie extreme picture, 3d style, c4d, 3d rendering, oc rendering, virtual engine, ultra details --ar 16:9

翻译：游戏场景，射击游戏战场，城市废墟，浓烟弥漫，火焰蔓延，气氛紧张，阴天，爆炸声，枪声，建筑物，掩护，墙壁破损，窗户破碎，恐怖感，敌人，队友，无辜平民，射击，特效，战斗场景，超现实主义，超逼真画面，电影级画面，3D 风格，C4D，3D 渲染，OC 渲染，虚拟引擎，精致细节 --图片比例 16∶9

利用 Midjourney 和 Nijiourney 生成的图片分别如图 8-18 和图 8-19 所示。

图 8-18

图 8-19

3. 科幻场景（3D 风格）

game scenes, future cities, skyscrapers, glass curtain walls, flying cars, technology towers, high-altitude ferris wheels, cool colors, daytime, beautiful sunlight, futuristic atmosphere, busy streets, modernity, surrealism, 3d style, c4d, oc rendering, 3d rendering, ultra details --ar 16:9

翻译：游戏场景，未来城市，摩天大楼，玻璃幕墙，空中飞行的汽车，科技塔，高空摩天轮，冷色调，白天，漂亮的太阳光，未来氛围，繁忙街道，现代感，超现实主义，3D 风格，C4D，OC 渲染，3D 渲染，精致细节 --图片比例 16：9

利用 Midjourney 和 Nijiourney 生成的图片分别如图 8-20 和图 8-21 所示。

图 8-20

图 8-21

4. 竞技场景（卡通风格）

game scenes, children's bumper car racing scene, bright and vibrant colors, joyful atmosphere, colorful race track, stands and spectators, cartoon characters, exaggerated shapes and colors, cartoon background elements, wind and light effects, cartoon style , ultra details, 8k --ar 16:9

翻译：游戏场景，儿童碰碰车赛车现场，明亮而充满活力的色彩，欢乐的气氛，色彩缤纷的赛道，看台和观众，卡通人物，夸张的形状和颜色，卡通背景元素，风和灯光效果，卡通风格，精致细节，8K --图片比例 16：9

利用 Midjourney 和 Nijiourney 生成的图片分别如图 8-22 和图 8-23 所示。

图 8-22

图 8-23

以上是常见的四种游戏画面风格，除此之外还有许多其他风格，开发人员可以根据游戏的题材、氛围和目标受众来选择适合的风格。

提示 对比两个工具生成的图片可以发现：若需要的游戏场景偏写实风格，则选择 Midjourney 更好；若需要的游戏场景偏插画或手绘风格，则选择 Nijijourney 更好。

8.1.3.3 AI 游戏场景设计的核心提示词

Game Scenes（游戏场景）、Cartoon Style（卡通风格）、C4D、Surrealism（超现实主义）、Realistic（逼真）、Movie Extreme Picture（电影级画面）、Pixel Art（像素艺术）、Hand-Painted Style（手绘风格）、3D Rendering（3D 渲染）

8.2 建筑设计

利用 AI 工具可以生成设计方案的草图，为建筑师提供更多的创意。

8.2.1 建筑风格的常用提示词

建筑风格的常用提示词见表 8-8。

表 8-8

提示词	说　明	提示词	说　明
Classical Architecture	古典建筑	Renaissance Architecture	文艺建筑
Rococo Architecture	洛可可建筑	Neoclassical Architecture	新古典主义建筑
Modernism	现代主义	Baroque Architecture	巴洛克建筑
High-Tech Architecture	高科技建筑	Postmodernism	后现代主义
Contemporary Vernacular	现代民族风格	Futurism	未来主义

8.2.2 建筑类型的常用提示词

建筑类型的常用提示词见表 8-9。

表 8-9

提 示 词	说 明	提 示 词	说 明
Residential Building	住宅建筑	Industrial Building	工业建筑
Commercial Building	商业建筑	Healthcare Building	医疗建筑
Educational Building	教育建筑	Cultural Building	文化建筑
Sports Facilities	体育设施	Religious Building	宗教建筑
Urban Infrastructure	城市基础设施	Historical Building	历史建筑

8.2.3　建筑的其他常用提示词

建筑的其他常用提示词见表 8-10。

表 8-10

提 示 词	说 明	提 示 词	说 明
Floor Plan	平面图	Elevation	立面图
Section	剖面图	Architectural Model	建筑模型
Layout	平面布置	Extension	建筑扩展
Structural Design	结构设计	Architect	建筑师
Building Material	建筑材料	Green Building	绿色建筑
Building Code	建筑代码	Planning Permission	规划许可
Construction	建筑施工	Construction Drawing	施工图

8.2.4　案例实战：未来的房子、体育馆、博物馆、金融中心

1. 未来的房子

构思画面，最终确定的提示词如下：

future house in the city, designed by kengo kuma, architectural photography, style of archillect, futurism, modernist architecture --ar 3: 4

翻译：城市中的未来房子，由隈研吾设计，建筑摄影，建筑师风格，未来主义，现代主义建筑 --图片比例 3：4

用 Nijijourney 生成图片，效果如图 8-24 所示，这是添加了"由隈研吾设计"提示词的效果。未添加"由隈研吾设计"提示词的效果如图 8-25 所示。

图 8-24　　　　　　　　　　　　　　　　图 8-25

提示　隈研吾（Kengo Kuma）是日本建筑大师，其以注重与自然环境融合的设计理念而闻名。所以，在图 8-25 中可以看到在建筑中出现了植物。

2. 体育馆

构思画面，最后确定的提示词如下：

stadium, designed by ieoh ming pei, architectural photography, style of archillect, futurism, modernist architecture --ar 16:9

翻译：体育馆，由贝聿铭设计，建筑摄影，建筑风格，未来主义，现代主义建筑　--图片比例 16：9

用 Nijijourney 生成图片，效果如图 8-26 所示，这里添加了"由贝聿铭设计"提示词的效果。未添加"由贝聿铭设计"提示词的效果如图 8-27 所示。

提示　贝聿铭是享有国际声誉的华裔建筑师，代表作包括美国国家航空航天博物馆和中国中央电视台总部大楼（鸟巢）。所以，图 8-26 中的建筑类似于鸟巢。

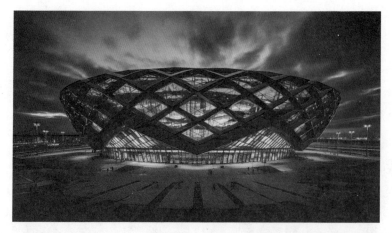

图 8-26

图 8-27

3. 博物馆

构思画面，最终确定的提示词如下：

museum, designed by ieoh ming pei, architectural photography, style of archillect, neoclassical, retro style, modernist architecture --ar 16:9

翻译：博物馆，由 Ieoh Ming Pei 设计，建筑摄影，建筑风格，新古典主义，复古风格，现代主义建筑 --图片比例 16：9

用 Nijijourney 生成图片，效果如图 8-28 所示，这是添加了"由 Ieoh Ming Pei 设计"提示词的效果。未添加"由 Ieoh Ming Pei 设计"提示词的效果如图 8-29 所示。

图 8-28

图 8-29

4. 金融中心

构思画面，最终确定的提示词如下：

> financial center, designed by xie yue, architectural photography, style of archillect, high-tech architecture, modernist architecture --ar 3:4

翻译：金融中心，由谢岳设计，建筑摄影，建筑风格，高科技建筑，现代主义建筑 --图片比例 3：4

用 Nijijourney 生成图片，效果如图 8-30 所示，这是添加了"由谢岳设计"提示词的效果。未添加"由谢岳设计"提示词的效果如图 8-31 所示。

图 8-30   图 8-31

提示 谢岳是中国现代建筑设计师，其代表作包括上海浦东陆家嘴金融中心和深圳平安金融中心。

8.2.5　AI 建筑设计的核心提示词

Architectural Photography（建筑摄影）、Style Of Archillect（建筑风格）、Modernist Architecture（现代主义建筑）、Futurism（未来主义）

除以上核心提示词外，还可以加上"建筑大师"提示词。

8.3　室内设计

AI 绘画工具对于室内设计师的帮助也是很大的。它可以生成逼真的虚拟室内空间，帮助室内设计师可视化他们的创意；还可以帮助室内设计师定制家具和软装的设计，快速给客户提供多种设计方案。

8.3.1　室内装饰的常用提示词

室内装饰的常用提示词见表 8-11。

表 8-11

提 示 词	说　明	提 示 词	说　明	提 示 词	说　明
Lighting Fixture	灯具	Crystal Chandelier	水晶灯	Armchair	单人沙发
Pendant Light	吊灯	Table Lamp	台灯	Wall Lamp	壁灯
Writing Desk	书桌	Bookshelf	书架	Soft Furnishing	软装饰品
Furniture	家具	Home Appliance	家用电器	Window Curtain	窗帘
Carpet	地毯	Wallpaper	墙纸	Interior Decoration	室内装饰品
Door	门	Bed	床	Mattress	床垫
Bedside Table	床头柜	Bay Window	飘窗	Armoire	立柜

8.3.2　室内空间的常用提示词

室内空间的常用提示词见表 8-12。

表 8-12

提 示 词	说　明	提 示 词	说　明	提 示 词	说　明
Entertainment Room	娱乐室	Office	办公室	Conference Room	会议室
Reception Area	接待区	Lobby	大堂	Corridor	走廊
Garage	车库	Bar	酒吧	Game Room	游戏室
Home Theater	影音室	Children's Room	儿童房	Recreation Room	休闲室
Living Room	客厅	Bedroom	卧室	Kitchen	厨房
Dining Room	餐厅	Guest Room	客房	Study Room	书房

8.3.3　室内设计风格的常用提示词

室内设计风格的常用提示词见表 8-13。

表 8-13

提 示 词	说　明	提 示 词	说　明
Postmodern Style	后现代风格	Oriental Style	东方风格
American Style	美式风格	Japanese Style	日式风格
Chinese Style	中式风格	European Style	欧式风格
Modern Style	现代风格	Traditional Style	传统风格
Rustic Style	田园风格	Industrial Style	工业风格
Nordic Style	北欧风格	Art Nouveau Style	新艺术风格

提 示 词	说　明	提 示 词	说　明
Neoclassical Style	新古典风格	Modern Minimalist Style	现代简约风格
Pop Art Style	波普艺术风格	Desert Style	沙漠风格
Modern Utilitarian Style	现代实用主义风格	Eclectic Style	联合装饰风
Tuscan Style	托斯卡纳风格	New Classical Style	新古典主义风格

8.3.4　案例实战：书房、客厅、主卧室、日式餐厅

1. 书房

构思画面，想象你想要的书房效果，最终确定的提示词如下：

interior design, study room perspective, designed by tadao ando,modernism, large windows, natural light, light colors, plants, modern furniture, modern minimalist soft decoration effect, modern minimalist style，8k --ar 4:3

翻译：室内设计，书房的视角，由安藤忠雄设计，现代主义，大窗户，自然光，浅色，植物，现代家具，现代简约软装效果，现代简约风格，8K --图片比例4：3

用 Nijijourney 生成图片，效果如图 8-32 所示，这是添加了"由安藤忠雄设计"提示词的效果。未添加"由安藤忠雄设计"提示词的效果如图 8-33 所示。

图 8-32

图 8-33

提示　安藤忠雄（Tadao Ando）是一位享有国际声誉的日本建筑师和室内设计师。他以对简约、几何和自然元素的运用而闻名，擅长创造富有宁静和平衡感的室内空间。所以，图 8-32 中的书房空间更简洁，而图 8-33 中书房空间略显拥挤。

2. 客厅

构思画面，最终确定的提示词如下：

interior design, living room background wall, designed by kelly hoppen, traditional Chinese style, big windows, curtains, natural light, retro colors, plants, Chinese soft decoration effect, Chinese style, 8k, --ar 4:3

翻译：室内设计，客厅背景墙，由 Kelly Hoppen 设计，中国传统风格，大窗户，窗帘，自然光、复古色，植物、中式软装效果，中式风格，8K --图片比例 4：3

用 Nijijourney 生成图片，效果如图 8-34 所示，这是添加了"由 Kelly Hoppen 设计"提示词的效果。未添加"由 Kelly Hoppen 设计"提示词的效果如图 8-35 所示。

提示　Kelly Hoppen 是英国室内设计师，以独特的"东方美学"风格而闻名，她的作品融合了东方和西方的元素，创造出平衡和谐的室内空间。添加了"由 Kelly Hoppen 设计"提示词的图 8-34 偏向中西结合风格，而未添加"由 Kelly Hoppen 设计"提示词的图 8-35 完全偏向中式风格。

图 8-34

图 8-35

3. 主卧室

整理的主卧室提示词如下：

interior design, master bedroom perspective, designed by philippe starck, european style big bed, luxurious bedroom lamps, european style, natural light, light luxury and avant-garde soft decoration,8k --ar 4:3

翻译：室内设计，主卧室视角，由 Philippe Starck 设计，欧式风格大床，奢华卧室灯具，欧式风格，自然光，轻奢前卫软装饰，8K --图片比例 4：3

用 Nijijourney 生成图片，效果如图 8-36 所示，这是添加了"由 Philippe Starck 设计"提示词的效果。未添加"由 Philippe Starck 设计"提示词的效果如图 8-37 所示。

图 8-36

图 8-37

提示　Philippe Starck 是法国设计师，其以前卫和独特的设计风格而闻名，曾设计过许多标志性的家具和室内空间。图 8-36 比图 8-37 室内效果欧式感更强。

4. 日式餐厅

餐厅设计也是 AI 所擅长的，整理的日式餐厅风格提示词如下：

interior design, perspective of Japanese restaurant, designed by seiji mizushima,

Japanese decoration style, natural light, natural wood tone, unique design, Japanese style furniture, 8k --ar 4:3

翻译：室内设计，日式餐厅视角，由 Seiji Mizushima 设计，日式装修风格，自然光，自原木色调，个性独特设计，日式风格家具，8K --图片比例 4：3

用 Nijijourney 生成图片，效果如图 8-38 所示，这是添加了"由 Seiji Mizushima 设计"提示词的效果。未添加"由 Seiji Mizushima 设计"提示词的效果如图 8-39 所示。

图 8-38

图 8-39

提示 Seiji Mizushima（前川圣司）是以酒店和餐厅设计而闻名的日本室内设计师。他的设计风格独特而富有情感，注重对细节和空间氛围的营造。

8.3.5　AI 室内设计的核心提示词

Interior Design（室内设计）、Natural Light（自然光），×× Style Design（××风格设计），×× Style Furniture（××风格家具）

提示　目前主流 AI 绘画工具都是由国外公司创建的，所以收录的国外设计师作品更多，AI 算法在参考国外设计师风格时会更精准。

AI 生成的室内设计图只能作为参考和概念图。目前 AI 还无法实现"根据客户户型图来定制化生成设计图"。

8.4　头像和 IP 手办设计

AI 绘画工具还可以制作各种风格的头像和 IP 手办。学会就可以马上接单变现，赶快学习起来吧。

8.4.1　写实头像

AI 生成的写实头像很像真实生活中的人。我们整理一段提示词：

portrait of an asian girl, black hair, wearing a skirt, korean makeup, exquisite facial features, professional lighting, ultra-realistic, cg images, clean background, extreme details, high-definition

翻译：亚洲女孩肖像，黑发，穿裙子，韩式妆容，精致的五官，专业灯光，超写实，CG 图像，干净的背景，极致的细节，高清

用 Midjourney 生成的一组写实头像如图 8-40 所示。

图 8-40

【AI 写实头像的核心提示词】

Professional Lighting（专业灯光）、Ultra-Realistic（超写实）、CG Images（CG 图像）、Extreme Details（极致的细节）

用写实图片召唤出 Midjourney 机器人，加上以上核心提示词，再替换了画面主体和主体画面细节的提示词即可生成写实头像。写实人物的外貌特征和衣着服饰可以自己定义。

8.4.2 极简人物头像

简约大气的平面矢量插画风格人物头像让人印象深刻。我们整理一段提示词：

girl portrait, sweet cool girl, side view, delicate facial features, minimalist art, flat illustration, vector graphics, animated shapes, fantasy palette, 8k --ar 1:1

翻译：女生肖像，甜酷女孩，侧视图，精致的五官，极简主义艺术，扁平插画，矢量图形，动画形状，梦幻调色板，8K --图片比例 1：1

用 Nijijourney 生成图片，选择【Default Style】风格，生成的一组头像如图 8-41 所示。

图 8-41

也可以选择自己喜欢的极简头像来"垫图"，这样 AI 生成的头像更加符合你的心意。

我们也可以替换画面主体为男生，生成一组男生的极简头像，效果如图 8-42 所示。

图 8-42

【AI 极简头像的核心提示词】

Minimalist Art（极简主义艺术）、Flat Illustration（扁平插画）、Vector Graphics（矢量图形）、Animated Shapes（动画形状）、Fantasy Palette（梦幻调色板）

8.4.3　泡泡玛特头像

这种头像非常可爱，给人一种乖萌感。我们来让 AI 生成一组情侣头像。整理一段提示词如下：

cute asian girl and boy, couple portraits, girl pink hair and blue eyes, boy blonde hair and black eyes, hugging, 3d pixar character style, bubble mart character, blender, pastel colors, natural lighting, ip characters, 3d rendering, high quality illustration

翻译：可爱的亚洲女孩和男孩，情侣头像，女孩粉色头发和蓝色眼睛，男孩金色头发和黑色眼睛，拥抱，3D 皮克斯人物风格，泡泡玛特人物，Blender，柔和的颜色，自然光照，IP 人物，3D 渲染，高质量图

用 Nijijourney 生成图片，选择【Default Style】风格，AI 生成的一组效果图如图 8-43 所示。

图 8-43

再次用 Nijijourney 生成图片，选择【Expressive Style】风格，也可以得到比较好的效果，如图 8-44 所示。

图 8-44

仔细对比两组头像，人物外形有比较大的区别，你更喜欢哪一种风格生成的泡泡玛特头像呢？

【AI 泡泡玛特头像的核心提示词】

3D Pixar Character Style（3D 皮克斯人物风格）、Bubble Mart Character（泡泡玛特人物）、IP Characters（IP 角色）、3D Rendering（3D 渲染）

8.4.4　迪士尼头像

这也是一种偏可爱的 3D 人物头像，深受大家的喜爱。整理一段提示词如下：

cute girl portrait, smiling face, long black hair, wearing glasses, movie lighting, soft lighting, delicate gloss, gradient background, soft colors, disney style, blender, c4d, anime, art station, ip characters, hd, 8k

翻译：可爱女孩肖像，笑脸，黑色长发，戴眼镜，电影照明，柔和的灯光，细腻的光泽，渐变背景，柔和的色彩，迪士尼风格，Blender，C4D，动漫，艺术站，IP 人物，高清，8K

用 Nijijourney 生成图片，选择【Expressive Style】风格，AI 生成的效果图如图 8-45 所示。

图 8-45

【AI 迪士尼头像的核心提示词】

Disney Style（迪士尼风格）、Blender、C4D、Anime（动漫）、Art Station（艺术站）、IP Characters（IP 角色）

除上面的核心提示词外，还可随意更换画面主体的人物性别、外貌特征和画面细节。

8.4.5　插画头像

AI 还可以生成艺术感很强烈的插画头像，这种头像具有浓烈的艺术感和独特美感，让人一眼难忘。我们整理一段提示词：

portrait of an asian girl, exquisite facial features, beautiful face, gorgeous light and shadow, flowers, acrylic illustration of p station, imitating the style of painter vincent van gogh, dark background, high quality, ultra details, high-definition, 8k

翻译：亚洲女生肖像，精致的五官，美丽的脸庞，华丽的光影，花，P 站丙烯插画，模拟画家文森特凡高的风格，深色背景，高品质，精致细节，高清，8K

用 Midjourney 生成一组头像，效果如图 8-46 所示。

图 8-46

提示　文森特凡高（Vincent Van Gogh）是荷兰后印象派画家，其以独特的风格和明亮的色彩运用而著名，代表作品包括《星夜》和《向日葵》。

我们可以选择不同的画家来让 AI 做参考，模仿他们的绘画特点。接下来，换成参考日本插画家松本大洋，看看 AI 生成的图 8-47 有什么不一样呢？

提示　松本大洋是日本一位才华横溢的插画家和漫画家，其以细腻的线条和独特的风格而闻名，代表作包括《神秘世界历险记》等。

图 8-47

对比发现参考两位画家生成的头像还是有所区别的：参考画家文森特凡高生成的头像采用色彩鲜明的对比色，画面中有类似代表文森特凡高画作元素的黄色向日葵；而参考漫画家松本大洋的头像采用的是邻近色配色，画面更加和谐统一。

【AI 插画头像的核心提示词】

Acrylic Illustration Of P Station（P 站丙烯插画）、艺术大师

Acrylic Illustration（丙烯画）可以被替换为油画、水彩画、素描画、马克笔画等的英文单词。多尝试不同的绘画方式，可以得到不一样的插画头像。

8.4.6　IP 盲盒

IP 盲盒也是深受年轻朋友欢迎的头像，其表面有一种类似黏土的材质，可以将这个属性写入提示词中。我们整理一段提示词：

> 　3d full body portrait artwork, cute girl, standing front view, bubble mart blind box, fashion ip characters, artistic color matching, solid color background, studio lighting, clay material, blind box toys, flat style, ray tracing, art, award-winning pose, ultra-high definition

翻译：3D 立体全身像艺术作品，可爱女孩，站立前视图，泡泡玛特盲盒，时尚 IP 人物，艺术配色，纯色背景，工作室灯光，黏土材质，盲盒玩具，扁平风格，光线追踪，艺术，获奖姿态，超高清

用 Nijijourney 生成图片，选择【Expressive Style】风格，AI 生成一组头像效果，如图 8-48 所示。

【AIIP 盲盒头像的核心提示词】

3D Full Body Portrait Artwork（3D 立体全身像艺术作品）、Bubble Mart Blind Box（泡泡玛特盲盒）、Clay Material（黏土材质）、Blind Box Toys（盲盒玩具）、Fashion IP Characters（时尚 IP 角色）

图 8-48

若对生成的效果不满意，请多刷新几次后，一般都能得到较好的头像，快去试试吧。

8.5　定制真人头像

现在有定制真人头像这种需求的人还是比较多的。下面介绍在 Midjourney 中加入 InsightFaceSwap 机器人，以生成与真人相似度较高的头像。

8.5.1　生成 AI 头像

（1）在 Midjourney 中，将真人照片拖入对话框中，如图 8-49 所示，按 Enter 键确定。

图 8-49

（2）单击图片将瓷瓶放大，利用鼠标右键复制图片链接，将图片链接复制到对话框中三次，然后在链接后面输入提示词，如图 8-50 所示。

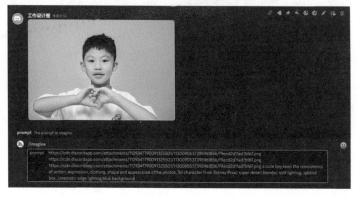

图 8-50

提示

①真人照片背景要干净，半身照，正脸。

②参考图片的链接在对话框中粘贴三次，输入照片的基本描述：a cute boy。

③输入提示词：keep the consistency of action, expression, clothing, shape and appearance ofthe photos, 3d character from Disney Pixar, ultra-detailed, blender, soft lighting, ip, blind box, cinematic edge lighting, blue background（翻译：保持照片的动作、表情、服装、形状和外观的一致性，迪士尼皮克斯的 3D 角色，超详细，Blender，柔和的灯光，IP，盲盒，电影边缘照明，蓝色背景），背景根据图片情况添加即可。

（3）从生成的图片中选择一张满意的图，单击 U4 按钮将其放大，单击 Vary(Subtle)按钮微调，如图 8-51 和图 8-52 所示。

图 8-51　　　　　　　　　　　　　图 8-52

（4）微调出四张图片后，选中其中一张最满意的，单击 U4 按钮放大，得到大图，如图 8-53 和图 8-54 所示。

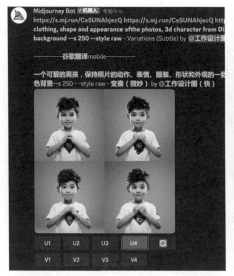

图 8-53　　　　　　　　　　　　　　　　图 8-54

8.5.2　用 InsightFaceSwap 生成真人头像

（1）在生成 AI 头像后，打开图 8-55 中的网页。

图 8-55

单击图 8-55 中加入聊天室的链接将 InsightFaceSwap 添加到你选择的服务器中，如图 8-56、图 8-57 和图 8-58 所示。

图 8-56   图 8-57   图 8-58

（2）在添加机器人到服务器中后，我们就可以在对话框中输入【/saveid】指令，然后拖入真人脸部照片（图片中只露出脸部区域即可），命名为 boy，如图 8-59 所示，按 Enter 键确认。

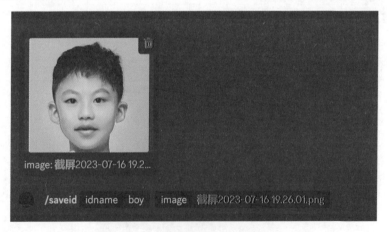

图 8-59

（3）找到前面放大后最满意的那张图（图 8-54），单击鼠标右键，在弹出的菜单中选择【APP】-【INSwapper】命令，如图 8-60 所示。

图 8-60

等待几秒，最终合成的效果如图 8-61 所示。

图 8-61

最后将合成的图片拖入 Photoshop 中按照真人照片面部特征进行微调。我们来看一下对比效果吧，图 8-62 为原图，图 8-63 为最终的真人头像。

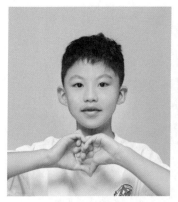

图 8-62   图 8-63

再来举一个案例：根据真人照片生成艺术插画风格的头像。

（1）将真人照片拖入 Midjourney 的对话框中，按 Enter 键确定，单击图片将其打开，复制图片地址链接，如图 8-64 所示。

图 8-64

（2）将图片地址链接复制到对话框中 3 次，再在后面输入提示词，如图 8-65 所示。

图 8-65

输入的提示词如下：a cute girl, keep the consistency of action, expression, clothing, shape and appearance of the photos, exquisite facial features, beautiful face, gorgeous light and shadow, flowers, acrylic illustration of P station, imitating the style of painter Vincent Van Gogh, dark background, high quality, ultra-detailed, high-definition, 8K

翻译：一个可爱的女孩，保持照片的动作、表情、服装、照片中的形状和外观，精致的五官，美丽的脸庞，华丽的光影，花，P 站丙烯插画，模拟画家文森特凡高的风格，深色背景，高品质，超详细，高清，8K

（3）按 Enter 键确定，选择 AI 生成头像中较为满意的一幅，单击【U3】放大，如图 8-66 所示。

图 8-66

（4）在对话框中输入【/saveid】指令，拖入真人脸部照片，命名为 girl，如图 8-67 所示，按 Enter 键确认。这里只需要真人脸部照片。

图 8-67

（5）找到前面放大后最满意的那张图片，单击鼠标右键，在弹出的菜单中选择【APP】-【INSwapper】命令，如图 8-68 所示。

图 8-68

等待几秒，生成的合成效果图如图 8-69 所示。

单击打开图 8-69，利用鼠标右键保存大图。然后将生成的大图拖入 Photoshop 中，通过液化工具对人物脸部按照真人照片进行细微调整。最后来对比一下，图 8-70 为原图，图 8-71 为生成优化后的图。

图 8-69

图 8-70　　　　　　　　　　　　图 8-71

提示　通过过两个案例发现，若想生成其他风格的真人头像，只需要替换提示词的后半段（图 8-72 中红色框内的内容）即可，其他操作步骤完全相同。

图 8-72

第 3 篇

设计能力变现

第 9 章

AI 设计师商业变现指导

本章我们来具体说说 AI 设计师可以通过哪些渠道/方法来实现商业变现。AI 只是工具，重要的是设计师对它的使用，把能力变现。在实现商业变现之前，一定要确保你的 AI 绘画技术过硬、你的 AI 作品绝对优秀。

9.1　被动吸引，主动成交

将自身的能力完全展示出来，吸引粉丝和客户，用实力和作品说话，那变现就是水到渠成的事。

1. 在设计网站上展示 AI 作品

在国内和国外的重要设计网站上定期展示 AI 设计作品，以吸引客户。

国内的网站可以优先选择"站酷"和"花瓣"。如果是 UI 设计师，则还可以选择"UI 中国"。国外可以优先选择 Behance、Dribbble、Pinterest。只要你发布的作品足够优秀，就会有人主动私信联系你。

操作要点：

（1）注册、登录较为简单，账号资料要留私人联系方式。

（2）定期更新 AI 作品，最好保证一周有两三次更新。

（3）作品质量要好，可以是真实项目，也可以是概念稿。

2. 持续输出朋友圈

分享朋友圈内容要明确四个原则，

- 有趣，调动用户；
- 有用，留住用户；

- 有情，影响用户；
- 有钱，转化用户。

遵循以上四个原则，发布作品，分享自己的经验、技巧和见解。接单市场先从身边的亲戚、朋友开始扩展，这是最容易的。就算朋友不需要，他也会优先想到你，把你介绍给他身边有需求的人。只要你的服务够好，源源不断的订单就会接踵而来。

操作要点：

（1）朋友圈破冰的第一步是发布接单海报到朋友圈。

（2）建议每日发布数量不少于三条，内容可以是作品展示、与客户交流截图、设计方法和经验分享等内容。

朋友圈接单海报在设计思路上，要体现个人风格特色（最好放一张自己的形象照），要有业务内容，要能展示专业度。图 9-1 为笔者的朋友圈接单海报。

图 9-1

3. 短视频变现

在自媒体时代，要学会打造自己的品牌，建立优秀 AI 设计师的"人设"。你需要持续分享自己的接单作品、接单过程中的感悟、客户感兴趣的话题、与甲方的聊天记录等。优先推荐"抖音""小红书"和"快手"平台。

找到合适的自我定位，找到合适的平台，理解每个平台的流量规则，发布图文、视频的一些经验之谈。高质量内容的博主自然会吸引到许多甲方和广告方。做自媒体没有那么简单，它涉及脚本构思、视频剪辑和运营。如果时间和精力允许，最好学习一些视频剪辑和运营的知识。

操作要点：

（1）拟定变现方式：是 AI 设计服务，还是 AI 设计咨询、教学。

（2）掌握短视频平台推流规则和社区规范：关注发布的每个视频的点赞数、关注数、评论数。内容是最重要的，只有大家都喜欢的内容，才会被平台推到更大的流量池。同时要牢记每个平台的规范，不触碰红线，避免被封号。

（3）账号设置：账号名称、个人介绍、头像、背景和个人资料都要精心设计，可参考对标账号的填写。

（4）寻找对标账号：至少找到 5 个对标账号，仔细分析对方最受欢迎的视频，进行二次创作模仿。

（5）发布视频的时机和频率：选择发布视频的最佳时间，并稳定、持续地更新视频。新号保证日更，成熟号保证一周两更以上。

短视频变现需要时间，要学会等待和坚持。多复盘视频数据，多分享有价值的内容，耐心等待"爆款"。不要一味去注重粉丝量，就算只有少量精准用户，变现也是迟早的事。自媒体平台是对外展示自己最好的名片，绝对值得我们长期投入。

4. 开设店铺变现

优先推荐的店铺平台有"淘宝""闲鱼""薯店""抖店"和"快手小店"。经营好短视频平台，当遇到有需求的客户时，让其在店铺里下单，保证双方权益。

每个平台都有优缺点，请根据自身情况自行选择。

（1）闲鱼：二手货品交易平台。

优点：零门槛，不需要保证金；商品发布操作简单、方便。

缺点：门槛低，竞争对手多；价格有较大的调整空间，客户砍价厉害。

（2）淘宝：很多用户都会选择的商品交易平台。

优点：品牌正规，曝光稳定，价格稳定。

缺点：有保证金（1000 元起），店铺运营成本高。

（3）薯店、抖店和快手小店：分别是小红书、抖音和快手的博主店铺。

优点：变现效率高，价格固定，挂商品方式多样。

缺点：有保证金（2000 元起），曝光度依据视频流量和账号权重而调整。

9.2　主动出击，私单飞起

除展示作品吸引甲方（被动成交）外，我们还可以主动出击抓住变现机会。

1. AI 壁纸、表情包变现

这种变现方式，首先要求你有比较好的审美，会使用 AI 绘画工具生成漂亮的手机壁纸、表情包和人物头像等。

操作要点：

（1）建立一个以 AI 壁纸为主的短视频账号，每天更新，吸引流量，留住粉丝。

（2）在每一条视频下面挂"小程序取图"链接，或者是在账号主页留下取图的方式。粉丝可以通过看广告或付费方式领取壁纸。大部分小程序是下载 1 张壁纸其作者可以获利 0.3 元。若出现一个爆款视频，下载壁纸的人比较多，那作者收入还是很可观的。

（3）申请成为壁纸小程序的作者，从后台上传图片。现在壁纸号博主用得比较多的是"火火壁纸""神图壁纸"等小程序。

（4）制作壁纸、表情包的思路是：整理提示词→用 Midjourney 生成图片→用 Photoshop 修图排版→导出。若是生成表情包，则需要在 Midjourney 中利用 Seed 值固定风格。

（5）除用 AI 壁纸账号引流外，还可以投稿壁纸类 App 和微信表情包官方平台以赚取稿费。

图 9-2 和 9-3 为 AI 生成的头像壁纸和风景壁纸。

图 9-2　　　　　　　　　　　　　　　图 9-3

2. 兼职 AI 设计师变现

兼职 AI 设计师，主要设计一些 AI 商业海报、插画、Logo、绘本插画等。

操作要点：

（1）推荐兼职平台：BOSS 直聘、云队友、圆领。

（2）也可以通过站酷、花瓣、朋友圈、短视频账号等接单变现。

（3）对设计师的设计能力有要求，适合有两三年及以上工作经验的设计师。

（4）要提前准备好 AI 作品集，因为在入驻平台和与甲方沟通确定项目时一般会要求先看作品。

云队友和圆领的首页分别如图 9-4 和图 9-5 所示。

图 9-4

图 9-5

3. AI 绘画比赛变现

参加各种 AI 设计大赛，这种变现方式要求 AI 绘画技术和设计能力都比较强。一旦取得了名次，不仅会获得不菲的奖金还会得到大流量的关注。

操作要点：

（1）赛事报名：堆友、站酷的首页。

（2）参加思路：读懂比赛规则→构思设计→用 AI 绘画工具生成图片→用 Photoshop 修图文案排版→写设计释义→借助 ChatGPT 优化设计释义→上传投稿→等待评审。

（3）参加这类比赛，比的是设计思维和创意，可以多参考国外优秀的相关图片。

堆友和站酷上的各种大赛如图 9-6 和图 9-7 所示。

图 9-6

图 9-7

只要比赛规则里没有明确要求"限制 AI 绘画工具生成的图片参加",我们都可以用 AI 生成的图参加比赛,一定要看清楚每个比赛的详细规则。

4. AI 知识付费变现

如果你的 AI 绘画技能高超,又会设计课程和录制课程视频,语言表达能力还不错,那这种变现方式很适合你。可以将 AI 绘画制作成课程视频售卖给有这方面需求的人。

操作要点:

(1)前期需要准备好课程视频和大纲。

(2)建立一个以售课教学为主的短视频账号,推荐的平台有快手、抖音、小红书、B 站。

(3)将粉丝通过短视频平台引流到私域账号成交,也可以将课程挂在薯店、抖店、淘宝店铺、快手小店进行售卖。

(4)在线直播售卖课程的方式也很不错。